BestMasters

Mit „BestMasters" zeichnet Springer die besten Masterarbeiten aus, die an renommierten Hochschulen in Deutschland, Österreich und der Schweiz entstanden sind. Die mit Höchstnote ausgezeichneten Arbeiten wurden durch Gutachter zur Veröffentlichung empfohlen und behandeln aktuelle Themen aus unterschiedlichen Fachgebieten der Naturwissenschaften, Psychologie, Technik und Wirtschaftswissenschaften.
Die Reihe wendet sich an Praktiker und Wissenschaftler gleichermaßen und soll insbesondere auch Nachwuchswissenschaftlern Orientierung geben.

Springer awards „BestMasters" to the best master's theses which have been completed at renowned Universities in Germany, Austria, and Switzerland. The studies received highest marks and were recommended for publication by supervisors. They address current issues from various fields of research in natural sciences, psychology, technology, and economics. The series addresses practitioners as well as scientists and, in particular, offers guidance for early stage researchers.

Weitere Bände in der Reihe http://www.springer.com/series/13198

Kilian Fritsch

Modenkopplung mit hochdispersiven Spiegeln und neuen nichtlinearen Vielschicht-Beschichtungen

 **Springer** Spektrum

Kilian Fritsch
Garching, Deutschland

Masterarbeit, Ludwig-Maximilians-Universität München, 2015

BestMasters
ISBN 978-3-658-20515-7   ISBN 978-3-658-20516-4   (eBook)
https://doi.org/10.1007/978-3-658-20516-4

Die Deutsche Nationalbibliothek verzeichnet diese Publikation in der Deutschen National-
bibliografie; detaillierte bibliografische Daten sind im Internet über http://dnb.d-nb.de abrufbar.

Springer Spektrum
© Springer Fachmedien Wiesbaden GmbH 2018

Gedruckt auf säurefreiem und chlorfrei gebleichtem Papier

Springer Spektrum ist Teil von Springer Nature
Die eingetragene Gesellschaft ist Springer Fachmedien Wiesbaden GmbH
Die Anschrift der Gesellschaft ist: Abraham-Lincoln-Str. 46, 65189 Wiesbaden, Germany

Inhalt

Abbildungen

Tabellen

Abkürzungen

AC   Autocorrelation, *dt.* Zeitliche Intensitätsautokorrelation

CPA   Chirped Pulse Amplification, *dt.* Verstärkung gechirpter Pulse
CW   continuous wave, *dt.* „Dauerstrich-" oder zeitlich konstant abgestrahlte Welle

FWHM   Full Width at Half Maximum, *dt.* volle Halbwertsbreite

GDD   Group Delay Dispersion, *dt.* Gruppenverzögerungsdispersion
GVD   Group Velocity Dispersion, *dt.* Gruppengeschwindigkeitsdispersion

HD1499   Interne Bezeichnung für einen neuartigen hochdispersiven Spiegel mit $-10\,000\,\mathrm{fs}^2$ GDD pro Reflex
HDM   Highly Dispersive Mirror, *dt.* hochdispersiver Spiegel
HRM   Highly Reflective Mirror, *dt.* hochreflektiver Spiegel

IR   Infrarot

KLM   Kerr-lens modelocking, *dt.* Kerr-Linsen Modenkopplung

MAM   Multilayer Amplitude Modulator, *dt.* vielschicht Amplitudenmodulator
ML   Mode Locking, *dt.* Modenkopplung

Nd:YAG   Neodym dotiertes Yttrium-Aluminium-Granat

OC   Output Coupler, *dt.* Auskoppelspiegel

SA   Saturable Absorber, *dt.* sättigbarer Absorber
SESAM   Semiconductor Saturable Absorber Mirror, *dt.* Sättigbarer Halbleiterspiegel
SPM   Self-Phase Modulation, *dt.* Selbstphasenmodulation

TD   Thin Disk, *dt.* Dünnscheibe

TEM_{00} Transversal Electromagnetic Wave, *dt.* transversale elektromagne-
            tische Welle nullter Ordnung

Yb:YAG   Ytterbium dotiertes Yttrium-Aluminium-Granat

Zusammenfassung

In dieser Arbeit werden zwei verschiedene, in Reflexion arbeitende, optische Elemente auf der Basis von dielektrischen Beschichtungen ausgiebig getestet und untersucht. Das erste Element ist ein neuer, hochdispersiver Spiegel mit $-10\,000\,\mathrm{fs}^2$ Gruppenverzögerungsdispersion. Seine Leistungsfähigkeit wird für die Anwendung bei niedrigen Intrakavitätsleistungen durch einen Vergleich mit bekannten Spiegeln nachgewiesen werden. Das zweite Element ist ein neuartiger, auf Nichtlinearität in dielektrischen Schichten basierender Modelocker. Dieser wird in verschiedenen Oszillatorkonfigurationen eingesetzt, um erstmalig Modenkopplung mit diesem zu erzielen. Es wird festgestellt, dass zwar Anzeichen für das Funktionieren der Beschichtung auftreten aber auch thermische Effekte vorhanden sind, welche die Nichtlinearität in der Beschichtung überlagern könnten. Selbsterhaltende Modenkopplung konnte mit diesem Spiegel nicht erreicht werden.

Teil I

Einführung

1 Einleitung

Optische Beschichtungen sind zu einem unverzichtbaren Bestandteil von Ultrakurz-puls-Lasern geworden. Ihre hauptsächlichen Anwendungsgebiete sind die Lasermi-krobearbeitung, medizinische Anwendungen wie Multiphoton Fluoreszenz Mikro-skopie und optische Kohärenztomographie. In der Forschung finden sie Anwendun-gen in der Attosekundenphysik, optischen Metrologie mit Frequenzkämmen und der Femtochemie. Der Highly Dispersive Mirror, *dt.* hochdispersiver Spiegel (HDM) wurde im Verlauf der letzten beiden Jahrzente ein wichtiges Werkzeug im Bereich der ultraschnellen Physik [1, 2]. Er dient der präzisen Kompensation der Group Delay Dispersion, *dt.* Gruppenverzögerungsdispersion (GDD) und Phasentermen höherer Ordnung in Femtosekunden-Lasern und erreicht hier Bandbreiten von bis zu einer Oktave. Er wird im Großteil der modernen Femtosekunden Laser einge-setzt.

Mit der Thin Disk, *dt.* Dünnscheibe (TD)-Technologie steht ein leistungsska-lierbares Verstärkungsverfahren zur Verfügung [3, 4, 5], mit dem höchste Durch-schnittsleistungen und Pulsenergien erreicht werden können. [6, 7]. Für die Erzeu-gung ultrakurzer Pulse mit höchsten Spitzenintensitäten wird häufig ein solitonisch modengekoppelter Laser eingesetzt, in dem die Dispersion im Resonator kompen-siert werden muss. Um dies in Systemen mit hohen Durchschnittsleistungen zu erreichen, eignen sich HDM ganz besonders, da sie in Reflexion arbeiten und im Vergleich zu transmissiv arbeitenden Verfahren, wie zum Beispiel Prismen, nur einen geringen Temperaturanstieg erfahren. Aus diesem Grund bleiben auch uner-wünschte thermische Effekte, wie zum Beispiel die Deformation der Spiegel, klein. Der Großteil der modengekoppelten Dünnscheibenlasern arbeitet im Bereich von mehreren $-10\,000\,\mathrm{fs}^2$ GDD pro Resonatorumlauf. [4, 8, 9] Da eine Skalierung der Pulsenergie von Solitonlasern auch eine höhere negative Dispersion verlangt [6], müssen, beim derzeitigen Stand der Technik, mehr Reflexe auf HDMs verwendet werden. Dies bringt einige Nachteile mit sich. Zum einen erhöhen sich die Resona-torverluste durch zusätzliche Reflexionen und zum anderen wird der Laser empfind-licher gegenüber thermischen Effekten, weil mehr Spiegeloberflächen thermischen Einflüssen ausgesetzt sind. Des weiteren wird die erreichbare Wiederholrate verrin-gert, weil sich durch mehr Reflexionen die Länge des Resonators vergrößert. Außer-dem gibt es weniger Möglichkeiten beim Entwurf der Kavität, da mehr Reflexionen beim Resonatorentwurf berücksichtigt werden müssen.

In vielen Lasersystemen, und in dem in dieser Arbeit beschriebenen, ist die Band-breite der Pulse klein, weshalb nur die zweite Ordnung der Dispersion, die GDD, kompensiert werden muss, um ausreichend kurze Pulse zu erzeugen. Die maximal erreichbare GDD pro Spiegel ist durch die benötigte Bandbreite, die Materialpaarung der Beschichtung und die mögliche Dicke der Beschichtung begrenzt. In Teil II der Arbeit wird gezeigt, dass es durch moderne Beschichtungstechniken möglich war, dickere Beschichtungen zu fertigen und einen Spiegel mit einer GDD von $-10\,000\,\text{fs}^2$ herzustellen [10]. Durch diese Technik können einige der erwähnten Grenzen der HDM-Technik erweitert werden.

Aktuelle Lasersysteme erreichen Betriebsparameter von mehreren hundert Watt mit Pulsenergien von mehreren zehn Microjoule, womit Spitzenleistungen von mehr als $50\,\text{MW}$ realisierbar sind [6]. Bei diesen Leistungen können Nichtlinearitäten in optischen Beschichtungen getrieben und ausgenutzt werden.

Die nichtlinearen Eigenschaften von dielektrischen Beschichtungen werden in dieser Arbeit in Teil III untersucht, um eventuelle neue Einsatzmöglichkeiten als Werkzeug in der Lasertechnik aufzuzeigen. Der Arbeitsgruppe um Dr. Vladimir Pervak an der Ludwig-Maximilians-Universität München ist es gelungen, eine Beschichtung aus dielektrischen Materialien zu entwerfen und herzustellen, welche bei hohen Intensitäten eine erhöhte Reflektivität besitzt. Beschichtungen dieses Typs werden als Multilayer Amplitude Modulator, *dt.* vielschicht Amplitudenmodulator (MAM) bezeichnet. Die Idee hinter dem MAM ist es, durch den Kerr-Effekt instantane Modulationen des Brechungsindexes (Gleichung (2.8)) eines Beschichtungsmaterials zu erzeugen. Die Modulationen sollen die Eigenschaften der Beschichtung so verändern, dass bei hohen Intensitäten die Reflektivität erhöht wird. Eine solche Beschichtung soll auf ihre Tauglichkeit als Modelocker[1] untersucht werden.

---

[1]Ein optisches Element, durch das Modenkopplung in einem Oszillator erzielt wird.

2 Theoretische Grundlagen

In diesem Kapitel sollen kurz die fundamentalen theoretischen Konzepte der in dieser Arbeit behandelten Experimente erläutert werden.

2.1 Laser im Allgemeinen

Ein Laseroszillator besteht aus drei grundlegenden Elementen [11]:

- Verstärkungsmedium

- Pumpprozess

- Optische Rückkopplung

Die Funktionsweise oben genannter Bestandteile soll im Laufe dieses Abschnitts veranschaulicht werden.

Verstärkungsmedien

Das Lasermedium sorgt für kohärente Verstärkung des einfallenden elektrischen Feldes. Es können viele Medien wie zum Beispiel Gase beim He-Ne-Laser [12], Flüssigkeiten wie eine Lösung von Rhodamin 6G beim Farbstofflaser [13] und dotierte Festkörperkristalle eingesetzt werden.

Die Lichtverstärkung in allen Medien basiert auf dem gleichen Effekt, nämlich der stimulierten Emission von Strahlung, die 1917 von Einstein in [14] vorhergesagt wurde. Die Verstärkung kann auftreten, wenn in den Elektronenhüllen eines Atomensembles der Zustand der Besetzungsinversion erreicht wird, bei dem ein höheres Energieniveau E_2 dichter besetzt ist als ein niedrigeres E_1 und ein optischer Übergang mit der Frequenz $h\nu_{21} = (E_2 - E_1)$ zwischen beiden möglich ist. Hier ist h das Plancksche Wirkungsquantum.

Dieses Prinzip wurde bei optischen Frequenzen zuerst 1960 von Maiman für einen Chrom dotierten Korundkristall (Rubin) experimentell gezeigt [15].

Ytterbium dotiertes Yttrium-Aluminium-Granat (Yb:YAG) wurde in dieser Arbeit als Verstärkungsmedium eingesetzt. Es zeichnet sich unter anderem durch die Verfügbarkeit von diodenbasierten Pumplasern und den geringen Quantendefekt aus, weil es sich um ein Quasi-Drei-Niveau System handelt [16]. In dieser Arbeit

wurde die Dünnscheibengeometrie verwendet, die sich vor allem wegen ihren her-
vorragenden thermischen Eigenschaften eignet. [3] Eine schematische Abbildung
des Laserkristalls mit Pumpoptik findet sich in Kapitel A, Abb. A.1.

Pumpprozess

Beim Erzeugen der Besetzungsinversion wird dem Lasermedium Energie zugeführt,
welche in der Form von Elektronenanregung gespeichert wird und an die Lasermode abgegeben werden kann. Dieser Prozess ist der sogenannte Pumpprozess,
welcher zum Beispiel optisch durch Blitzlampen [15] oder elektrischen Strom [12]
getrieben werden kann. In dieser Arbeit wurde ein Diodenlaser verwendet, um die
Besetzungsinversion zu erzeugen.

Optische Rückkopplung

Die optische Rückkopplung erfolgt durch den sogenannten Resonator oder die Kavität, einer Anordnung von Spiegeln, in der viele Photonen mehrmals von den
Endspiegeln reflektiert werden und das Verstärkungsmedium oft passieren können.

In dieser Arbeit werden nur lineare Resonatoren verwendet, in denen sich eine
stehende Welle mit Schwingungsknoten an den Endflächen bildet. Für die Kreisfre-
quenzen der longitudinalen Moden muss gelten $L_{\mathrm{Kav.}} = l \cdot \lambda/2$ wobei $l = 1, 2, 3, \ldots$.
Der Modenabstand ist durch die Resonatorlänge $L_{\mathrm{Kav.}}$ und die Lichtgeschwindigkeit
c gegeben und beträgt $\delta\omega = 2\pi c/2L_{\mathrm{Kav.}}$.

In einem optisch stabilen Laseroszillator reproduziert sich die transversale Mode
exakt nach einem ganzen Umlauf. Mit der Gaußschen Optik und ihrem komple-
xen Strahlparameter $\frac{1}{q} = \frac{1}{R} - \frac{i\lambda}{\pi w^2}$ [17], mit Krümmungsradius der Phasenfront
R, der Wellenlänge λ und dem $1/e^2$-Strahlradius w, lässt sich das Stabilitätskriterium in Gleichung (2.1) idealisiert beschrieben. Dieses ist nur für die Transversal
Electromagnetic Wave, dt. transversale elektromagnetische Welle nullter Ordnung
(TEM$_{00}$), nicht aber für Moden höherer Ordnung, gültig, da nur hier der komplexe
Strahlparameter q definiert ist.

$$q_{k+1} = q_k \qquad k = \text{Nummer des Resonatorumlaufs} \qquad (2.1)$$

Die optischen Eigenschaften des Resonators können mit der Strahltransfermatrix-
methode mathematisch in der paraxialen Näherung[1] beschrieben werden. Dies geschieht durch Bestimmung der Transfermatrix des gesamten Resonatorumlaufs M_{R}
durch Matrizenmultiplikation der Transfermatrizen der einzelnen Elemente M_{n}:

$$M_{\mathrm{R}} = \begin{bmatrix} A & B \\ C & D \end{bmatrix} = \prod_{\forall n} M_n \qquad (2.2)$$

---

[1]Es werden nur Strahlen betrachtet, welche einen kleinen Winkel mit der optischen Achse ein-
schließen und sich in kleinem Abstand zu dieser befinden.

Über Gleichung (2.3), welche den Einfluss eines Resonatorumlaufs auf den Strahlparameter beschreibt, lässt sich bestimmen, ob ein Resonator Gleichung (2.1) erfüllt.

$$q_{k+1} = \frac{Aq_k + B}{Cq_k + D} \tag{2.3}$$

Gleichung (2.3) ist ein Polynom zweiter Ordnung mit den Lösungen $q_\pm$:

$$q_\pm = \frac{A - D}{2C} \pm i\frac{\sqrt{4 - (A + D)^2}}{2C} \tag{2.4}$$

Die Lösung für $q = q_-$ kann durch zusätzliche Forderungen an ihre Eigenschaften, nämlich reeller Krümmungsradius R und reeller, positiver Modenhalbmesser w, eindeutig bestimmt werden. Bei Wahl einer passenden Startebene können R und w mit Gleichung (2.5) bestimmt werden. Nach der initialen Bestimmung des Modenradius in der Startebene lässt er sich mit der Gaußschen Strahlenoptik auch in jeder anderen Ebene des Resonators finden.

$$R = \frac{2B}{D - A}$$
$$w = \frac{\lambda}{\pi}\frac{2B}{\alpha} \quad \text{mit} \quad \alpha = \sqrt{4 - (A + D)^2} \tag{2.5}$$

Durch die Randbedingung eines positiven, reellen Modenhalbmessers lässt sich aus Gleichung (2.5) das Stabilitätskriterium neu definieren:

$$\alpha > 0 \quad \Rightarrow \quad s = 1 - \left(\frac{A + D}{2}\right)^2 \tag{2.6}$$

Zur Simulation der Stabilität und der Resonatormode wurde die kommerzielle Software WinLase[®2] verwendet. Die Stabilitätssimulationen im weiteren Verlauf der Arbeit zeigen den eben definierten Parameter s in Abhängigkeit einer Resonatoreigenschaft, meist dem Abstand zweier Teleskopspiegel. Weitere, detailliertere Beschreibungen zum Resonatorentwurf finden sich in [18].

Obige Beschreibung der Resonatormode ist nur valide, wenn es sich um einen Gaußschen Strahl, also die TEM_{00} handelt. Diese wird auch benötigt, um Modenkopplung zu erzeugen. Transversale Moden höherer Ordnung besitzen einen größeren Strahlquerschnitt, weshalb sie bei geeigneter Wahl des Resonatorentwurfs und der Pumpfleckgröße unterdrückt werden können [19]. Alternativ kann der Modenradius auch durch eine Apertur begrenzt werden.

---

[2]in der Version 2.1 Professional

2.2 Der Kerr-Effekt

Im klassischen Bild werden die Elektronen eines Mediums gegen ihre Atomkerne durch die elektrische Feldstärke des einfallenden Lichts ausgelenkt und erzeugen eine Polarisation im Medium. Bei niedrigen Intensitäten ist diese Auslenkung klein und die Bewegung der Elektronen kann dem elektrischen Feld folgen. Die Polarisation ist linear vom elektrischen Feld abhängig, es gilt $\vec{\mathcal{P}} = \epsilon_0 \chi \vec{\mathcal{E}}$. Die Proportionalitätskonstanten in dieser Gleichung sind die Vakuumpermittivität ϵ_0 und die Suszeptibilität χ. Für größere Feldstärken können die Elektronen dem elektrischen Feld nicht mehr folgen. Die Beschreibung der Polarisation als lineare Funktion der elektrischen Feldstärke ist daher nicht mehr gültig, weshalb eine Annäherung der Polarisation mit einer Potenzreihenentwicklung vorgenommen werden kann [20].

$$\vec{\mathcal{P}} = \epsilon_0 \left[\chi^{(1)} \vec{\mathcal{E}}^1 + \chi^{(2)} \vec{\mathcal{E}}^2 + \chi^{(3)} \vec{\mathcal{E}}^3 + \mathcal{O}(\vec{\mathcal{E}}^4) \right] \tag{2.7}$$

Wie in [20] gezeigt wird, folgt aus dieser Tatsache eine Intensitätsabhängigkeit des Brechungsindexes. Für diese gilt:

$$n(I) = n_0 + n_2 \cdot I \tag{2.8}$$

Sie unterteilt dabei $n(I)$ in den linearen Brechungsindex n_0 und nichtlinearen Teil n_2[3]. Dieser Zusammenhang beeinflusst das zeitliche und räumliche Propagationsverhalten eines intensiven Laserpulses.

2.2.1 Zeitliche Einflüsse

Während der Propagation eines intensiven Pulses, für den typischerweise eine sech^2- oder Gaußsche Einhüllende angenommen wird, durch ein nichtlineares Medium erfährt dieser eine Phasenverschiebung aufgrund des sich zeitlich ändernden Brechungsindexes. Daraus folgt, dass der Brechungsindex nach Gleichung (2.8) zeitlich nicht konstant während des Pulses ist.

$$\phi(t) = \omega_0 t - kz = \omega_0 t - \frac{2\pi}{\lambda_0} n_0 L + \underbrace{\frac{2\pi}{\lambda_0} n_2 I L}_{\gamma} \tag{2.9}$$

Mit der Definition der momentanen Frequenz $\omega_{\text{mom.}}(t) = \mathrm{d}\phi(t)/\mathrm{d}t$ nach [22] lässt sich Gleichung (2.9) umschreiben zu:

$$\omega_{\text{mom.}}(t) = \omega_0 - n_2 \frac{2\pi}{\lambda_0} L \frac{\mathrm{d}I}{\mathrm{d}t} \tag{2.10}$$

---

[3]Siehe [21] für tabellierte Werte gängiger Materialien.

Die Interpretation ist, dass mit dem Kerr-Effekt neue Frequenzen im Spektrum eines Laserpulses erzeugt werden können. Dieses Phänomen wird als Self-Phase Modulation, *dt.* Selbstphasenmodulation (SPM) bezeichnet.

Ist die momentane Kreisfrequenz des Laserpulses nicht konstant über seine Dauer hinweg oder weist seine Phase eine mindestens quadratische Zeitabhängigkeit auf, spricht man von einem gechirpten[4] Puls. Der Chirp ist positiv, wenn das elektrische Feld in der vorderen Flanke des Pulses schneller oszilliert als in der hinteren beziehungsweise negativen im umgekehrten Fall. Aus Gleichung (2.10) geht hervor, dass die Richtung des chirp, positiv oder negativ, vom Vorzeichen des nichtlinearen Brechungsindex n_2 abhängt. In Abb. 2.1 ist ein sech^2-Pulse mit seiner momentanen Kreisfrequenz exemplarisch dargestellt.

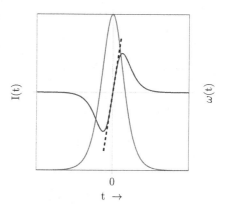

Abb. 2.1: Schematischer sech^2-Puls (grün) und momentane Frequenz um die Trägerfrequenz (blau), linearer Fit an die momentane Frequenz (schwarz, gestrichelt) für $n_2 > 0$, adaptiert von [23]

2.2.2 Räumliche Einflüsse

Ein Gaußscher Strahl hat ein Intensitätsprofil das der Beziehung $I(r) \propto \exp(\frac{r^2}{w^2(z)})$ folgt. Deshalb ist der Brechungsindex eines Mediums durch das der Strahl propagiert ebenfalls abhängig von der räumlichen Intensitätsverteilung des Lichtfeldes.

Da n_2 für die meisten Materialien von positivem Vorzeichen ist, ist der optische Weg für den zentralen, hochintensiven Teil des Strahls größer als für die Randbereiche mit geringerer Intensität. Dies kann als Phasenverschiebung des zentralen Strahlbereichs gegen die Ränder betrachtet werden, wodurch sich der Radius der Phasenfront ändert und der Strahl fokussiert wird.

Dieser Effekt wird als Selbstfokussierung durch eine Kerr-Linse bezeichnet. Nach [24] kann die Brennweite der Kerr-Linse f_{Kerr} wie folgt abgeschätzt werden.

$$f_{\text{Kerr}} = \frac{w_0^2}{4n_2 L I_0} \tag{2.11}$$

In dieser Gleichung beschreibt w_0^2 die Fokusgröße, L die Dicke des Mediums und I_0 die maximale Intensität auf der optischen Achse. Sie ist eine Näherung und gilt nur,

---

[4]von „to chirp", *dt.* zwitschern

weil das Gaußsche Strahlprofil gut durch ein Polynom zweiter Ordnung angenähert werden kann.

2.3 Dispersionskompensation

Da unterschiedliche Frequenzen verschiedene Propagationsgeschwindigkeiten in dispersiven Medien ($dn/d\omega \neq 0$) aufweisen, durchlaufen die unterschiedlichen Frequenzen eines Pulses das Medium nicht in der gleichen Zeit, siehe Abb. 2.1. Hierdurch werden bei der Propagation in dispersiven Medien transformlimitierte[5] Pulse gestreckt. Nach Propagation eines ungechirpten Pulses durch dieses Medium befinden sich die schnellen spektralen Komponenten vor den langsamen unter der Einhüllenden.

Die Taylorreihenentwicklung der Kreiswellenzahl $k(\omega)$ in der Kreisfrequenz ω ist in Gleichung (2.12) in allgemeiner Form dargestellt.

$$k(\omega) = \underbrace{k(\omega_0)}_{k_0} + \underbrace{\tfrac{\partial k}{\partial w}}_{k_1} (\omega - \omega_0) + \underbrace{\tfrac{\partial^2 k}{\partial \omega^2}}_{k_2} (\omega - \omega_0)^2 + \mathcal{O}(\omega^3) \qquad (2.12)$$

Mit ihr können wichtige Materialeigenschaften von optischen Medien mathematisch modelliert werden. Für diese Arbeit ist der wichtigste Parameter k_2, die **G**roup **V**elocity **D**ispersion, dt. Gruppengeschwindigkeitsdispersion (GVD), weil kleine spektrale Breiten der Laseremission verwendet wurden und somit Terme höherer Ordnung in der Reihenentwicklung vernachlässigt werden können. Multipliziert man die GVD mit der Propagationslänge im Medium erhält man die GDD, welche keine Materialeigenschaft ist sondern spezifisch für jedes optische Element.

$$D_2 = k_2 \cdot L = \tfrac{d^2}{d\omega^2} k \Big|_{\omega_0} \cdot L \qquad (2.13)$$

Durch Anpassung der GDD an die jeweiligen Anforderungen kann der Phasenverlauf von Pulsen kontrolliert werden. Dies ist für viele Anwendungen ein entscheidendes Werkzeug. Zum Beispiel bei der **C**hirped **P**ulse **A**mplification, dt. Verstärkung gechirpter Pulse (CPA), demonstriert von Strickland und Mourou [25], werden Pulse durch dispersive Optiken enorm gestreckt, wodurch sich ihre Energiedichte verringert, was eine weitere Verstärkung ermöglicht. Anschließend wird der Puls, erneut durch den Einfluss dispersiver Optiken, rekomprimiert. Durch dieses Verfahren lassen sich Spitzenleistungen im TW-Bereich erzielen. Bei vielen CPA Systemen ist die Bandbreite der Pulse so groß, dass auch Phasenterme dritter Ordnung kompensiert werden müssen. [26] Wie in Abschnitt 2.2.1 beschrieben entstehen durch die SPM neue Frequenzkomponenten im Puls, welche sein Spektrum verbreitern. Die SPM kann zum Beispiel in optischen Fasern [27, 28] oder Kristallen [29] ausgenutzt

---

[5]Pulse, die das kleinstmögliche Zeit-Bandbreite-Produkt besitzen.

werden. Adäquate Kompensation des entstandenen Chirps erlaubt es, das nunmehr breitere Spektrum auf kürzere Pulsdauern als ursprünglich möglich zu komprimieren. Eine weitere zentrale Anwendung ist die solitonische Modenkopplung, siehe Abschnitt 2.4.1.

Das grundlegende Prinzip zur Dispersionkompensation ist es, den durch nichtlineare Effekte (SPM) oder Materialdispersion eingeführten Wegunterschied beziehungsweise Laufzeitunterschied der einzelnen spektralen Komponenten auszugleichen. Hierfür lässt sich zum Beispiel die Winkeldispersion von Prismen oder optischen Gittern nutzen. Mit der entstehenden räumlichen Aufspaltung des Spektrums, einem entsprechenden Aufbau und der erneuten Zusammenführung aller Frequenzkomponenten lassen sich unterschiedliche optische Wege für verschiedene Wellenlängen erzielen. Es sei erwähnt, dass diese Ansätze einige Nachteile mit sich bringen. So sind beide sehr sensitiv gegenüber Dejustage, da die Dispersion winkelabhängig ist. Eventuelle Phasenterme dritter Ordnung können entweder nur teilweise oder gar nicht kompensiert werden. Prismen arbeiten in Transmission, weshalb sie selbst Dispersion einbringen, die kompensiert werden muss, und bei höheren Durchschnittsleistungen mitunter starken thermischen Effekten unterliegen. Gitter werden in modernen Resonatoren selten verwendet, da sie sehr sensitiv auf Dejustage reagieren. Prismen und Gitter bieten aber den Vorteil, dass die kompensierbare Dispersion enorm groß ist, weshalb sie meist in CPA Systemen verwendet werden. Ein dritter Weg konnte 1994 von Szipöcs u. a. umgesetzt werden [30]. Hier wurden Spiegel so entworfen, dass die verschiedenen spektralen Anteile von Pulsen unterschiedliche Eindringtiefen in der Beschichtung besitzen, die sogenannten dispersive Spiegel. Sie können zwar keine so große Dispersion wie Gitter- oder Prismenaufbauten erreichen, dafür lassen sich ihre GDD Kurve und Phasenterme höherer Ordnung, bei geringen Herstellungskosten, quasi beliebig formen. Ihre Anfälligkeit gegenüber Dejustage ist gering und thermische Effekte sind weniger kritisch, da sie in Reflexion arbeiten. Eines ihrer Hauptanwendungsgebiete sind modengekoppelte Laseroszillatoren, siehe Abschnitt 2.4.1.

2.4 Modenkopplung

Wie anfangs in Abschnitt 2.1 beschrieben können in einem optischen Resonator Moden anschwingen, deren halbe Wellenlänge ein echter Teiler der Resonatorlänge ist. Tatsächlich können nur die Moden anschwingen, deren Verluste exakt durch die Verstärkung des Lasermediums kompensiert werden. Die Anzahl der Resonatormoden N_{Moden} kann über die Bandbreite des Verstärkungsmediums $\Delta\nu_{\mathrm{Verst.}}$ und den freien Spektralbereich $\Delta\nu_{\mathrm{FSB}} = c/2L$ [17] abgeschätzt werden. Für einen 7 m langen Resonator und einer Verstärkungsbandbreite von 4 nm um eine Zentralwellenlänge von 1030 nm [16] ergibt sich:

$$N_{\text{Moden}} = \frac{\Delta\nu_{\text{Verst.}}}{\Delta\nu_{\text{FSB}}} = \frac{1,1\,\text{THz}}{20\,\text{MHz}} = 5,3 \cdot 10^4 \qquad (2.14)$$

Das Ausgangssignal des Lasers $E(t)$ setzt sich aus der Überlagerung aller longitudinalen Moden l zusammen. Im theoretischen Idealfall ergibt sich ein sich wieder-
holendes Signal mit einer Periodendauer von $T_{\text{Umlauf}} = 2L/c$ für das gilt:

$$E(t) = \sum_{\forall l} E_{l,0} \exp\left\{i\left(\omega_l t + \varphi_l\right)\right\} \qquad (2.15)$$

Im continuous wave, dt. „Dauerstrich-" oder zeitlich konstant abgestrahlte Welle (CW) Betrieb ohne Modenkopplungsmechanismen gibt es keine feste Phasen-
beziehung, das bedeutet, die Phasen φ_l sind zufällig verteilt, weshalb das Ausgangssignal innerhalb einer Periode zufällig ist. Sollte die Phase zwar zufällig verteilt aber zeitlich konstant sein, wiederholt sich das Ausgangssignal dennoch im
Abstand von T_{Umlauf}. In Abb. 2.2 sind elf benachbarte longitudinale Moden mit
zufälligen Phasen $\varphi_l \in [0, 2\pi]$ mit ihrer Überlagerung exemplarisch dargestellt.

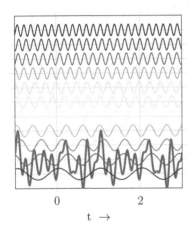

Es fällt auf, dass es keinen Zeitpunkt gibt, zudem sich alle Moden
im Schwingungsbauch befinden. Durch
Mode Locking, dt. Modenkopplung
(ML) wird eine konstante Phasenbe-
ziehung $\varphi_l = \varphi_0$ hergestellt, wodurch
sich zu einem bestimmten Zeitpunkt
die Maxima der longitudinalen Moden
konstruktiv überlagern und einen Puls
bilden. Dieses Verhalten ist analog zu
Abb. 2.2 in Abb. 2.3 dargestellt. Hier
sind die Phasen der Schwingungen nicht
zufällig gewählt sondern für jede einzel-
ne Mode gleich. Zum Zeitpunkt $t = 0$
überlagern sich alle Schwingungsbäu-
che, wodurch ein intensiver, kurzer Puls

Abb. 2.2: Schematische Darstellung der
longitudinalen Resonatormo-
den verschiedener Ordnungen
(bunt, schmal) und ihrer Überlagerung (dunkelgrün, dick) im
CW-Betrieb, adaptiert von [31]

entsteht. Zum Zeitpunkt $t = 2$, nach einem ganzen Resonatorumlauf, tritt diese Konstellation erneut ein und es formt
sich ein weiterer Puls.

Auf Grund des Zeit-Bandbreite-
Produks $\Delta f \cdot \Delta\tau \geq$ konstant [11] hängt
die Pulsdauer von der spektralen Brei-
te des Pulses ab. Diese entspricht auch

der Anzahl an longitudinalen Moden N_{Moden}, weshalb die Pulsdauer primär reziprok von der Anzahl der beteiligten Moden $\tau \propto 1/N$ abhängt. Zu beachten ist hier, dass nur sehr wenige Moden dargestellt sind. In typischen Kurzpulslasersystemen werden viele Moden ($N_{\mathrm{Moden}} \approx 1 \cdot 10^4$) überlagert, wodurch das elektrische Feld zwischen den Pulsen durch destruktive Interferenz auf annähernd konstant 0 absinkt.

ML-Verfahren beruhen auf dem Einbringen von variablen Verlusten, durch die nur ein kurzes Zeitfenster mit positiver Verstärkungsbilanz entsteht. Diese Umgebung favorisiert den ML-Betrieb gegenüber dem CW-Betrieb. ML-Mechanismen können grundlegend in zwei Kategorien, nämlich aktive und passive Verfahren, unterteilt werden. Bei aktiven Verfahren geschieht die Modulation unabhängig vom momentanen Energiefluss und wird durch externe Prozesse gesteuert. Durch die limitierte Reaktionszeit können üblicherweise Pulse im Pikosekundenbereich erzeugt werden. Sie sind nicht trivial umzusetzen, da die Modulationsfrequenz exakt auf die Wiederholrate des Lasers abgestimmt werden muss. In passiven Verfahren werden die Resonatorverlust durch die momentane Energieflussrate, bei langsamen Saturable Absorber, dt. sättigbarer Absorber (SA), beziehungsweise momentane Intensität, bei Kerr-

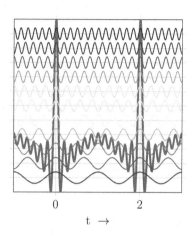

Abb. 2.3: Schematische Darstellung der longitudinalen Resonatormoden verschiedener Ordnungen (bunt, schmal) und ihrer Überlagerung (dunkelgrün, dick) im ML-Betrieb, adaptiert von [31]

lens modelocking, dt. Kerr-Linsen Modenkopplung (KLM), gesteuert. Sie müssen sich so verhalten, dass sich bei hoher Energieflussrate eine netto Verstärkung und bei geringer Energieflussrate netto Verluste ergeben. Auf diese Weise wird der ML Betrieb dem CW Betrieb vorgezogen und die Phasen der longitudinalen Resonatormoden sind gekoppelt. Weit verbreitete ML-Verfahren basieren entweder auf sättigbaren Absorbern oder dem Kerr-Effekt.

Sättigbare Absorber

Ein SA zeichnet sich durch seine Eigenschaft aus, mit steigender Energieflussdichte weniger zu absorbieren, bis ein Minimalwert erreicht ist der von der nicht sättigbaren Absorption bestimmt wird. Bei hohen Energieflussdichten, das heißt im ML-Betrieb, sind demnach die Resonatorverluste geringer als im CW-Betrieb. In der Literatur wird zwischen schnellen und langsamen SAs differenziert. Für die schnellen SA ist charakteristisch, dass sie eine Relaxationszeit besitzen, welche viel kleiner als die Pulsdauer ist. Bei langsamen SAs ist sie entsprechend größer. Eine Unterscheidung ist für die Zwecke dieser Arbeit nicht notwendig.

Physikalisch werden SAs zum Beispiel durch Farbstoffe [32] beim Einsatz in Farbstofflasern verwendet. Des Weiteren können auch Optiken auf Halbleiterbasis die Aufgaben eines SA erfüllen. Sie basieren auf einem Halbleiterübergang, dessen Bandlücke der Laserwellenlänge entspricht. Einfallende Photonen können absorbiert werden, wodurch sie vom Valenz- in das Leitungsband angehoben werden. Aufgrund des Pauli-Prinzips können nicht beliebig viele Elektronen das Leitungsband besetzten. Ist die maximale Füllung des Leitungsbandes erreicht, sättigt der Absorber. Die Relaxation des Absorbers basiert auf der Rekombination von den entstandenen Elektron-Loch-Paarungen und einer schnellen Thermalisierung. Unter den SA-Techniken ist dies die am häufigsten angewandte. Eine weit verbreitete Form der SA auf Halbleiterbasis ist der sogenannte **S**emiconductor **S**aturable **A**bsorber **M**irror, dt. Sättigbarer Halbleiterspiegel (SESAM) [33]. Hier ist der Halbleiterabsorber auf vielschichtigen Reflektorstruktur[6] aufgebracht.

KLM

In Abschnitt 2.2.1 wurde der Kerr-Linsen Effekt behandelt. Fokussiert man die Mode eines Resonators in einen Kristall für den $n_2 > 0$ gilt und ausreichend hohe Intensitäten erreicht werden, wird die Mode durch den Kerr-Linsen Effekt beeinflusst. Bei höheren Intensitäten wird sie nach Gleichung (2.11) stäker fokussiert[7] als für niedrigere. Dieser Effekt kann in Kombination mit einer Apertur genutzt werden, um einen künstlichen SA zu realisieren, da die Apertur bei der niedrigintensiven Mode einen größeren Anteil blockiert als bei der hochintensiven Mode. Der Prozess ist schematisch in Abb. 2.4 dargestellt und nennt sich KLM. Als Apertur kann sowohl eine Blende, die sogenannte harte Apertur, oder die Überlappung der Lasermode mit dem Pumpbereich im Verstärkungsmedium, die sogenannte weiche Apertur, genutzt werden.

Der Laser muss nahe der Grenze seiner Stabilität betrieben werden, um den Resonator empfindlich gegenüber der Modulation durch die Kerr-Linse und Apertur zu machen. Überlegungen zur Auslegung von KLM Lasern werden in [35] behandelt.

KLM bietet einige Vorteile gegenüber SAs. So ist dieses Verfahren wellenlängenunabhängig, es unterstützt also eine enorm große Bandbreite, und reagiert sehr schnell. Ein Vergleich der beiden Verfahren im Experiment findet sich in [36].

---

[6]Bragg-Spiegel
[7]Linsen mit kürzerer Brennweite fokussieren stärker.

2.4.1 Solitonische Modenkopplung

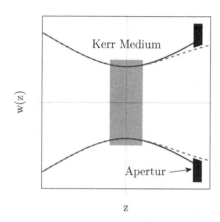

Abb. 2.4: Schematische Darstellung des KLM-Mechanismus mit CW-Strahl (blau, durchgezogen), ML-Strahl (grün, gestrichelt), Kerr Medium und Apertur, adaptiert von [34]

Solitonen sind Wellenpakete mit der Eigenschaft über lange Distanzen mit gleichbleibender Form zu propagieren oder während der Propagation langsam zwischen einer bestimmten Menge an Formen mit der Propagationslänge zu oszillieren [11]. Dieses Phänomen wurde in der Optik erstmals von Hasegawa und Tappert [37] in Fasern beobachtet[8]. Martinez u. a. [39] beschrieben, aufbauend auf dem Modell von [40], erstmals die solitonische ML. Beim Passieren eines nichtlinearen Mediums im Resonator erfährt der Puls SPM, welche durch dispersive Optiken ausgeglichen werden kann [41].

Ohne Trägerschwingung kann ein Puls durch seine Einhüllende $A(t)$ aus Gleichung (2.16) beschrieben werden[9].

$$E(t) = A(t) \cdot \exp(i\omega_0 t) \qquad (2.16)$$

Das Verhalten der Einhüllenden kann mit der Mastergleichung nach [42] beschrieben werden, wenn der Puls innerhalb eines Resonatorumlaufs mit t und seine Entwicklung über mehrere Umläufe mit T parametrisiert wird.

$$T_{\text{Umlauf}}\frac{\partial}{\partial T}A(t,T) = (g - l)A + (D_{\text{g}} - iD_2)\frac{\partial^2 A}{\partial t^2} + (i\gamma L|A|^2)A \qquad (2.17)$$

Die Parameter g und l beschreiben Gewinn und Verlust des Pulses, T_{Umlauf} die Resontarumlaufzeit, γ den SPM-Koeffizienten, siehe Abschnitt 2.2.1, und D_2 die GDD, siehe Abschnitt 2.3. Die Gleichung (2.17) lässt sich, wenn der Resonator im Gleichgewichtszustand betrieben wird und Gewinn- und Verlusteffekte vernachlässigt werden können, in die nichtlineare Schrödingergleichung 2.18 überführen.

$$iT_{\text{Umlauf}}\frac{\partial}{\partial T}A(t,T) = D\frac{\partial^2 A}{\partial t^2} - \gamma L|A|^2 A \qquad (2.18)$$

---

[8]Beschrieben wurde dieses Phänomen nach Scott u. a. [38] erstmals 1834 von John Scott Russell bei der Beobachtung von Schiffsbewegungen im Kanal von Glasgow-Edinburgh.
[9]Dies gilt nur, falls sich die Einhüllende nur wenig während einer optischen Periode ändert.

Falls $D_2 < 0$ (anomale Dispersion) und $n_2 > 0$ (normale SPM) gilt, existiert für Gleichung (2.18) die Lösung:

$$A(t, T) = A_0 \operatorname{sech}\left(\frac{t}{\tau_0}\right) \exp\left(i\gamma L |A|^2 \frac{T}{2T_{\text{Umlauf}}}\right) \tag{2.19}$$

Ein idealer Soliton erfüllt Gleichung (2.20) [43, 44, 45, 46] , das sogenannte Flächentheorem.

$$\tau_{\text{p}} E_{\text{p}} = -\frac{2D_2}{\gamma} \tag{2.20}$$

In dieser Gleichung repräsentieren τ_{p} die Pulsdauer, E_{p} die Pulsenergie, D_2 die gesamte GDD in einer Resonatorumlauf und γ den Koeffizienten der SPM. Das Flächentheorem verknüpft Dispersion, Pulsenergie, Nichtlinearität und Pulsdauer, wodurch nur drei dieser Parameter frei wählbar sind. Die linke Seite der Gleichung trägt in jedem Fall positives Vorzeichen, weshalb folgt, dass D_2 und γ unterschiedliche Vorzeichen besitzen müssen um solitonische Modenkopplung zu ermöglichen. Wenn Gleichung (2.20) von beiden erfüllt wird, können auch zwei oder mehr Pulse im Resonator umlaufen.

Nach [24][47] ist das erwartete Spektrum eines sech^2-förmigen Pulses ebenfalls sech^2-förmig im Frequenzraum. Näherungsweise kann auch ein sech^2 im Wellenlängenraum angenommen werden, wenn die Bandbreite des Pulses klein ist. Diese Annahme ist für alle in dieser Arbeit gezeigten Spektra erfüllt.

Das obige analytische Modell beruht darauf, dass die Dispersion und die SPM homogen über den Resonator verteilt sind. Physikalisch ist dies bei Festkörperlasern nicht erfüllt, da die SPM stark lokalisiert im Kerr-Medium auftritt und die Dispersionskompensation in wenigen optischen Elementen passiert. Eine Lösung der Mastergleichung ist nur in der störungstheoretischen Näherung oder numerisch möglich. Im engen Sinn ist die Lösung der Mastergleichung in diesem Fall auch kein Soliton, weshalb bei Festkörperlasern auch von solitonähnlichen Pulsen und solitärer Modenkopplung gesprochen wird.

Eine erweiterte Beschreibung der solitonischen Modenkopplung findet sich in [48, 49, 50, 51, 52]

Teil II

Hochdispersive Spiegel

3 Dispersiver Spiegel und experimenteller Aufbau

In Kapitel 1 wurde der neue HDM mit $-10\,000\,\text{fs}^2$ GDD vorgestellt. Er trägt intern die Bezeichnung HD1499, welche in den Beschreibungen dieser Arbeit übernommen wurde. Im folgenden Kapitel sollen die mit diesem Spiegel durchgehführten Experimente und deren Resultate beschrieben sowie diskutiert werden. Sie wurden in [10] veröffentlicht.

3.1 Neuer Hochdispersiver Spiegel

Bei dem hier untersuchten Spiegel handelt es sich um einen HDM mit einer GDD von $-10\,000\,\text{fs}^2$. Entworfen und hergestellt wurde dieser von der Arbeitsgruppe um Dr. Vladimir Pervak an der Ludwig-Maximilians-Universität München.

Die Besonderheit dieses Spiegels ist seine außergewöhnlich hohe negative GDD bei einer Bandbreite von 10 nm um eine Zentralwellenlänge von 1030 nm. Dies konnte durch einen auf Herstellungsfehler optimierten Beschichtungsentwurf und durch in situ Überwachung des Fertigungsprozesses erreicht werden. Eine detaillierte Beschreibung findet sich in [10]. In Abb. 3.1 zeigen die aus dem Beschichtungsentwurf abgeleitete GDD-Kurve und die mit einem Weißlichtinterferometer von Elena Fedulova gemessene GDD eine gute Übereinstimmung, ein erstes Indiz für die erfolgreiche Herstellung der Beschichtung.

3.2 Experimenteller Aufbau

Die Leistungsfähigkeit des HD1499 sollte durch einen Vergleich im Oszillatorbetrieb gezeigt werden. Dazu wurde ein diodengepumpter Yb:YAG-TD-Oszillator nach dem Vorbild von [6] aufgebaut. Der gesamte Aufbau ist schematisch in Abb. 3.2 dargestellt.

Als Referenzgrundlage dienten vier bekannte HDM, welche zum Test des HD1499 durch diesen und drei HRMs ersetzt wurden. Die relevanten Vergleichsgrößen sind das Emissionsspektrum, die Autocorrelation, *dt.* Zeitliche Intensitätsautokorrelation (AC), und die Ausgangsleistung des Lasers. Diese wurden für beide Spiegelsätze aufgezeichnet und werden in Abschnitt 3.3 vorgestellt. Die Modenkopplung wurde

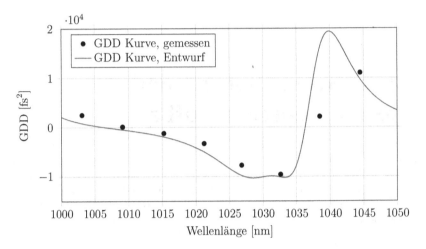

Abb. 3.1: Vergleich zwischen der gemessenen spektralen GDD Verteilung und dem theoretischen Entwurf des neuen HD1499, adaptiert aus [10].

im KLM-Verfahren mit einer harten Apertur vor dem hochreflektiven Endspiegel und einen 2 mm dicken Saphirkristall als nichtlinearem Kerr-Medium realisiert. Ein Teleskop aus zwei konkav gekrümmten HRMs mit Krümmungsradius 300 mm wurde verwendet, um die Resonatormode im Kerr-Medium zu fokussieren. Die Referenz- und Testspiegelgarnituren wurden an den Positionen 1-4 im Oszillator verbaut. Deren genaue Belegung ist für beide Fälle in Tab. 3.1 aufgelistet. Sie wurden in speziellen Spiegelhaltern befestigt, welche besonders hohe Wiederholgenauigkeit beim Tausch der Spiegel erlauben, siehe Anhang B. Als OC wurde ein gekeilter[1] 3,5 % OC verwendet, dessen Ausgangsstrahl zum Diagnostikaufbau gesendet wurde. Dort konnten folgende Betriebsparameter des Lasers aufgezeichnet werden:

---

[1]Optik auf gekeiltem, *engl.* wedged, Substrat. Die Vorder- und Rückseite sind nicht parallel, wodurch Rückreflexe bei kleinem Einfallswinkel vermieden werden.

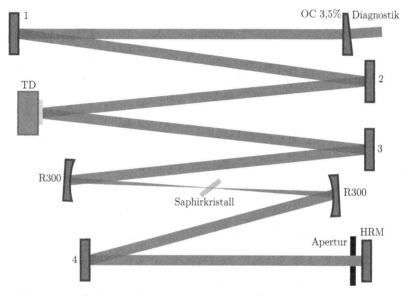

Abb. 3.2: Schematische Darstellung des verwendeten Aufbaus zum Test des Spiegels HD1499. Es handelt sich um einen diodengepumpten Yb:YAG Kerr-Linsen modegekoppelten TD Laser. Dargestellt sind Auskoppelspiegel (OC 3,5%), Laserkopf (TD), konkave Teleskopspiegel mit Krümmungsradius 300 mm (R300), 2 mm Saphirplatte (Kerr Medium), wassergekühlte Kupferapertur (Apertur) und Endspiegel (HRM). HDMs und HRMs konnten an den Positionen 1 bis 4 mit einer Gesamtdispersion von $-20\,000\,\text{fs}^2$ pro Resonatorumlauf platziert werden. Der Laser arbeitete mit 4 W Ausgangsleistung bei einer Wiederholrate von 33,7 MHz.

Tab. 3.1: Belegung der Spiegelhalter 1 bis 4 für Referenz- und Testkonfiguration. Beide Konfigurationen sorgen insgesamt für $-20\,000\,\mathrm{fs}^2$ GDD pro Oszillatorumlauf.

Spiegel	Referenz	Test
1	HD73_v11	HRM
2	HD73_v11	HRM
3	HD73_v11	HRM
4	HD1311	HD1499

- Spektrum: Zur permanenten Überwachung mit einem einfachen Gitter Spektrometer oder einem optischen Spektrumanalysator

- Ausgangsleistung

- Die Repetitionsrate und das Rauschverhalten mit einer Photodiode

- Zeitliche Intensitätsautokorrelation der Pulse

- Strahlprofil

3.3 Erzielte Resultate

Mit dem Diagnostikaufbau wurde das Emissionsspektrum, die AC und die durchschnittliche Ausgangsleistung des Lasers mit beiden Spiegelsätzen aufgenommen. Letztere betrug 4 W in beiden Fällen bei gleicher Pumpleistung und einer konstanten Wiederholrate von 33,7 MHz. Die Spektra- und Autokorrelatiosmessungen sind mit den jeweiligen sech^2-Fits[2] in Abb. 3.3 und Abb. 3.4 dargestellt.

Nach dem Wechsel des Spiegelsatzes von Referenz- zu Testkonfiguration war eine Nachjustage des HRM-Endspiegels erforderlich, um erneut Modenkopplung erzielen zu können. Für die sech^2-Fits wurde die Gleichung (3.1) verwendet. Die Parameter b und c stellen die **F**ull **W**idth at **H**alf **M**aximum, *dt.* volle Halbwertsbreite (FWHM) beziehungsweise die Zentralwellenlänge dar.

$$f_{\mathrm{sech}^2}(x) = a \cdot \mathrm{sech}\left(\frac{2\ln\left(1+\sqrt{2}\right)}{b} \cdot (x-c)\right)^2 + d; \qquad (3.1)$$

Die Ausgleichsrechnungen[3], durchgeführt mit der Methode NonlinearLeastSquares, *dt.* Methode der kleinsten Quadrate, lieferte die Ergebnisse aus Tab. 3.2.

---

[2]Nach Abschnitt 2.4.1 wird eine sech^2-Form erwartet.
[3]durchgeführt mit der kommerziellen Software **MATLAB**® in der Version 8.3.0.532

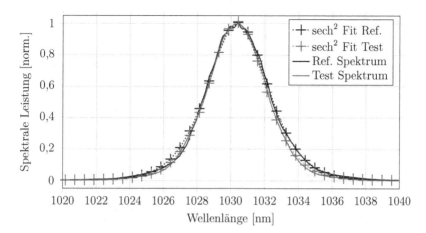

Abb. 3.3: Vergleich der Emissionsspektra für Referenz- und Testspiegelsatz in einem KLM Yb:YAG TD Laser.

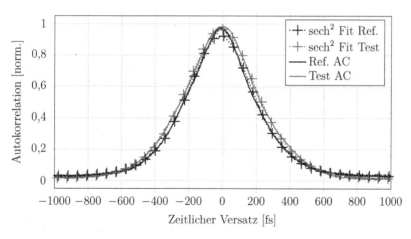

Abb. 3.4: Vergleich der Autokorrelationen für Referenz- und Testspiegelsatz in einem KLM Yb:YAG TD Laser.

Tab. 3.2: Ergebnisse der Ausgleichsrechnung für Zentralwellenlänge (b_λ) und FWHM (c_λ) der Spektra sowie FWHM der Autokorrelation (b_{ac}) mit daraus berechneter Pulsdauer (τ_p). Grundlage der Fehlerbestimmung der spektralen Daten war das Konfidenzintervall der Ausgleichsrechnung mit einem Konfidenzniveau von $1\sigma = 68,2\,\%$. Der Fehler der AC wurde mit 10 fs abgeschätzt.

Parameter	Referenz	Test
b_λ	$(1030,39 \pm 0,04)\,\text{nm}$	$(1030,34 \pm 0,02)\,\text{nm}$
c_λ	$(4,19 \pm 0,01)\,\text{nm}$	$(3,92 \pm 0,01)\,\text{nm}$
b_{ac}	$(450 \pm 10)\,\text{fs}$	$(490 \pm 10)\,\text{fs}$
τ_p	$(294 \pm 7)\,\text{fs}$	$(318 \pm 7)\,\text{fs}$

Aus der FWHM der Autokorrelation kann in diesem Fall die Pulsdauer über Gleichung (3.2) berechnet werden, siehe [24, Kapitel 9]. Sie ist ebenfalls in Tab. 3.2 dokumentiert.

$$\tau_p = b_{ac} \cdot 1.543^{-1} \tag{3.2}$$

Grundlage der Fehlerbestimmung der spektralen Daten war das Konfidenzintervall der Ausgleichsrechnung mit einem Konfidenzniveau von $1\sigma = 68,2\,\%$. Der Fehler der AC wurde mit 10 fs abgeschätzt.

3.4 Diskussion

Der HD1499 konnte zum ersten mal erfolgreich in einerm KLM-Lasersystem eingesetzt werden. Die Messdaten, insbesondere Zentralwellenlänge und FWHM der Spektra, zeigen gute Übereinstimmung für beide Spiegelsätze. Die Pulsdauern weisen leichte Abweichungen auf. Mit den hier durchgeführten Messungen konnte nicht eindeutig geklärt werden, ob der Unterschied in den Pulsdauern auf Eigenschaften des Spiegels HD1499 zurückzuführen ist oder auf die Nachjustage des Resonators. Die Schadensschwelle der Beschichtung HD1499 wurde im Vergleich zum Referenzspiegelsatz als deutlich niedriger empfunden. Dies konnte aber im Rahmen dieser Arbeit nicht quantitativ festgehalten werden. Hinsichtlich des Startverhaltens der Modenkopplung waren keine Unterschiede festzustellen. Mit beiden Spiegelgarnituren konnte der Oszillator problemlos vom CW-Betrieb in den ML-Betrieb gebracht werden. Es konnte gezeigt werden, dass der HD1499 zur Dispersionkontrolle im Laseroszillator einsetzbar ist und die zu Beginn des Kapitels erläuterten Nachteile vieler Reflexe auf HDMs vermieden werden können. Allerdings bleibt zu zeigen, ob dieser auch bei hohen Durchschnittsleistungen verwendbar bleibt und eine tatsächliche Leistungsskalierung zulässt. Aufgrund der großen Dicke der Beschichtung könnte die Zerstörschwelle herabgesetz werden oder thermische Effekte, wie etwa Ausdehnung und Verformung der Beschichtung, könnten den Laserbetrieb stören.

Teil III

Vielschicht Amplitudenmodulator

4 Der Vielschicht Amplitudenmodulator

In diesem Teil der Arbeit sollen die nichtlinearen Eigenschaften von dielektrischen Beschichtungen im Oszillator untersucht werden. Dieses Kapitel soll einen grundlegenden Überblick über die charakteristischen Eigenschaften des MAM geben.

Transmissionskurve

Die hier untersuchte Umsetzung des MAM basiert auf einer sogenannten „edgestructure", dt. Kantenstruktur, welche Langpassfiltercharakteristika[1] aufweist. In Abb. 4.1 ist die Transmissionskurve eines MAM exemplarisch für verschiedene Einfallswinkel θ zwischen 0° und 20° abgebildet. Die Wellenlänge eines oft verwendeten Justagelasers ist ebenfalls eingezeichnet, um auf die hohe Transmission der Beschichtung bei dieser hinzuweisen, dazu mehr in Abschnitt 5.1. Diese Beschichtung besitzt zwei wesentliche Eigenschaften: Zum einen ist die Sensitivität gegenüber Brechungsindexänderungen und damit gegenüber der Nichtlinearität groß. Die Brechungsindexänderung eines der Beschichtungsmaterialien verschiebt die Lage der Filterkante hin zu längeren Wellenlängen, wodurch die Erhöhung der Reflektivität für eine gegebenen Wellenlänge erzielt wird. Zum anderen kann die Wellenlänge der Filterkante durch Änderung des Einfallswinkels spektral verschoben werden. Mit steigendem Einfallswinkel sinkt die effektive Dicke der Schichten [53], wodurch die Filterkante hin zu kürzeren Wellenlängen verschoben wird. Es ist somit möglich, die Beschichtung entweder für verschiedene Wellenlängen zu verwenden oder für eine gegeben Wellenlänge den initialen Reflektivitätswert anzupassen. Im Umkehrschluss muss der Einfallswinkel bei der Justage des Lasers aber sorgfältig eingestellt werden.

Ein Nachteil der Kantenstruktur ist die begrenzte Bandbreite von etwa 10 nm, die die erreichbare Pulsdauer auf circa 100 fs bis 200 fs bei einer Zentralwellenlänge von 1030 nm nach unten limitiert.

---

[1]Ein Filter, der hohe Transmission für lange Wellenlängen und geringe Transmission für kurze Wellenlängen aufweist.

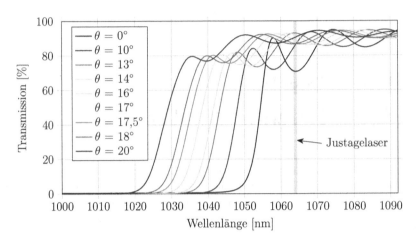

Abb. 4.1: Transmissionskurve des MAM für verschiedene Einfallswinkel θ. Die Wellenlänge 1064 nm eines Nd:YAG-Justagelasers ist eingezeichnet, um die hohe Transmission bei dieser Wellenlänge hervorzuheben. Die Messung wurde von Elena Fedulova durchgeführt.

GDD-Kurve

Für den Einsatz in einem solitonisch modengekoppelten Laser ist die spektrale Verteilung der Dispersion, hier wegen der geringen Bandbreite auf die GDD limitiert, sehr wichtig, da sie maßgeblich zur Formung des Solitons beiträgt, siehe Abschnitt 2.4.1. Sie ist stellvertretend für einen MAM in Abb. 4.2 veranschaulicht. Die spektrale Verteilung der GDD um 1030 nm ist nicht optimal und weicht stark von einem flachen Verlauf ab. Sie weist große Dispersion auf, welche für kleine Bandbreiten nicht benötigt wird. Aus diesem Grund wurde in einem Vorversuch der MAM als Faltungsspiegel bei geringen Spitzenintensitäten in einem KLM-Oszillator eingesetzt. Da mit dem MAM in der Kavität Modenkopplung gestartet werden konnte, zerstört der nicht perfekte GDD Verlauf des MAM den Soliton nicht. Aus diesem Grund wird die GDD als geeignet betrachtet.

Nichtlineare Eigenschaften

Der MAM wurde von Elena Fedulova mit einem anderen, ebenfalls auf Yb:YAG basierenden, Lasersystem mit regenerativen Verstärker außerhalb eines Resonators charakterisiert. In Abb. 4.3 ist die Reflektivität gegen die eingestrahlte Intensität aufgetragen. Ohne nichtlineare Effekte sollte diese nicht von der Intensität abhängig sein. Es zeigt sich jedoch eine klare Abhängigkeit, welche bei einer Intensität

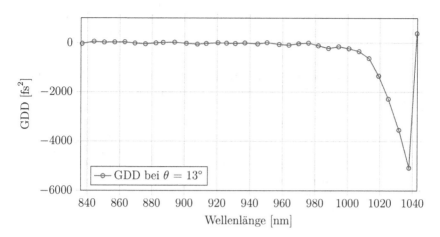

Abb. 4.2: GDD-Kurve des MAM, gemessen von Elena Fedulova mit einem Weißlichtinterferometer.

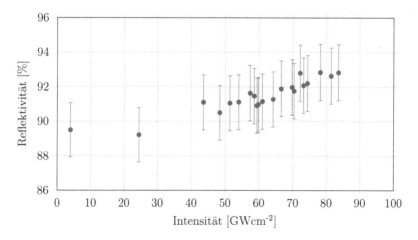

Abb. 4.3: Intensitätsabhängigkeit der Reflektivität einer MAM-Probe bei 1030 nm.
Adaptiert aus Daten von Elena Fedulova. Es zeigt sich ein nicht konstanter Verlauf der Kurve durch den Kerr-Effekt in der Beschichtung.

von etwa $45 \frac{GW}{cm^2}$ erkennbar wird. Daraus lässt sich schließen, dass für weitere Experimente, bei denen der Kerr-Effekt in der Beschichtung zum Tragen kommen soll, mindestens diese Intensitäten erreicht werden müssen. Später wird sich zeigen, dass auch thermische Effekte die Beschichtung beeinflussen, siehe Abschnitt 6.3. Diese wurden hier nicht berücksichtigt.

Eine mögliche Anwendung ist die Modenkopplung nur auf Basis der nichtlinearen Mechanismen im MAM. Hier würde die intensitätsabhängige Reflektivität des MAM einen schnellen, künstlichen sättigbaren Absorber repräsentieren, welcher häufig zur Modenkopplung im Oszillator verwendet wird, siehe Abschnitt 2.4. Da die Änderung der Reflektivität auf dem schnellen Kerr-Effekt beruht, könnte dieses Verfahren auch zur Vergrößerung der Modulationstiefe zusammen mit bereits bekannten ML-Verfahren eingesetzt werden. Die Modulationstiefe ΔR ist definiert als die maximale Änderung der Reflektivität. Anhand von Gleichung (4.1) [42, 54, 55] kann der ungefähre Einfluss der Tiefe der Verlustmodulation auf die Pulsdauer von modengekoppelten Oszillatoren abgeschätzt werden.

$$\tau_p \approx \frac{1}{\Delta f_g} \sqrt{\frac{g}{\Delta R}} \tag{4.1}$$

In obiger Gleichung entspricht τ_p der abgeschätzten Pulsdauer, Δf_g der FWHM der Verstärkungsbandbreite[2] des Lasermediums und g dem Leistungsverstärkungsfaktor. Eine größere Modulationstiefe würde also zu kürzeren Pulsen und damit höheren Spitzenleistungen führen.

---

[2]bei Gaußscher Form des Spektrums im Frequenzraum

5 Technische Herausforderungen

In diesem Kapitel werden technische Herausforderungen beschrieben, die bei der Arbeit mit den MAM Spiegeln auftreten.

5.1 Justageverfahren

Die einfachste Methode einen Laserresonator zu justieren ist, einen zweiten Laser, den sogenannten Justagelaser, zu verwenden. Dieser sollte einen TEM_{00} Strahl mit einer Wellenlänge nahe an der eigentlichen Laserwellenlänge emittieren. Der Justagelaser wird durch die Kavität gelenkt und mit Hilfe des Endspiegels zurück auf eine Blende vor dem Justagelaser reflektiert. In einem zweiten Schritt wird ein OC auf einem plan-parallelen Substrat mit niedriger Auskoppelrate montiert und der Oberflächenreflex von der Rückseite des OC ebenfalls auf die Blende justiert. Bei eingeschaltetem Pumplaser sollte der Laser nun anschwingen.

Für die Experimente in Kapitel 3 dieser Arbeit wurde ein Nd:YAG Justagelaser mit einer Zentralwellenlänge von 1064 nm verwendet. Bei breitbandigen Spiegelbeschichtungen für Ultrakurzpulslaser liegen die zentralen Emissionswellenlängen von Yb:YAG und Nd:YAG nahe genug aneinander, um die Justage mit dem oben beschriebenen Verfahren durchführen zu können. Die Eigenschaften des MAM stellen für dieses Justageverfahern ein Problem dar, da die Transmission bei der Emissionswellenlänge des Justagelasers einen Wert von $\approx 90\,\%$ annimmt, siehe Abb. 4.1. Hinzu kommt, dass der Justagelaser zweimal von jeder Optik reflektiert wird, weshalb im Normalfall noch $10\,\%^2 = 1\,\%$ zur Justage auf die Blende vor dem Nd:YAG Laser zur Verfügung stehen. Bei einer Ausgangsleistung von 10 mW des Justagelasers bleiben 0,1 mW, welche für die verfügbaren Infrarot (IR)-Sichtgeräte schwer bis gar nicht detektierbar sind. Dies erhöht den Aufwand einer Neujustage enorm, welche nach der Beschädigung des Spiegels im Regelfall notwendig ist. Ein Justagelaser, der sowohl den Anspruch an Emissionswellenlänge und Strahlprofil erfüllt, war für die hier präsentierten Experimente nicht verfügbar, weshalb der Yb:YAG TD Laser selbst zur Justage verwendet wurde.

Hierfür wurde nach dem ersten Teleskop ein plan-paralleler 1 % OC auf einer magnetischen Grundplatte positioniert. Ein Aufbau, der dieses Verfahren verwendet, ist zum Beispiel in Abb. 6.1 und Abb. 6.4 dargestellt. Der Ausgangsstrahl dieses Oszillators, im Weiteren Subkavität genannt, konnte durch eine Irisblende durch den restlichen Teil der Kavität gelenkt werden. Dieser Strahl erfährt aufgrund seiner

Wellenlänge von 1030 nm wesentlich geringere Verluste beim Reflex auf dem MAM als ein Strahl mit 1064 nm Wellenlänge. Analog zum Verfahren mit dem dedizierten Justagelaser wurde der Strahl mit Hilfe des Endspiegels zurück durch die Blende reflektiert. Nach Entfernen der magnetischen Grundplatte, und somit des 1 % OC, kann der ganze Resonator mit dem MAM anschwingen.

5.2 Schadenanfälligkeit

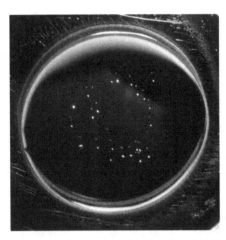

Abb. 5.1: Die Oberfläche einer MAM Probe nach ihrem Einsatz als Faltungsspiegel im Fokus innerhalb eines Resonators. Die hell reflektierenden Punkte sind schadhafte Stellen der Beschichtung nach einigen Experimenten mit den Proben.

Optische Beschichtungen können durch zu hohe Intensitäten zerstört werden. Effekte wie Verunreinigungen und Inhomogenitäten in der Beschichtung senken die Schadensschwelle der Beschichtung und erhöhen die Chance einer Zerstörung. Um den Kerr-Effekt ausnutzen zu können, werden sehr hohe Intensitäten benötigt, was bedeutet, dass der Resonator nahe der Zerstörschwelle des MAM betrieben werden muss. In den Experimenten, die mit Hilfe von KLM durchgeführt wurden, musste der Resonator auch nahe an seiner Stabilitätsgrenze arbeiten. Beide Faktoren führten häufig zur lokalen Zerstörung der Beschichtung. Exemplarisch ist die MAM-Probe 12 in Abb. 5.1 abgebildet. Auf der Probenoberfläche sind zahlreiche helle Punkte zu erkennen. Hierbei handelt es sich um schadhafte Stellen der Beschichtung, die durch zu hohe Intensitäten erzeugt wurden.

Es wurde empirisch beobachtet, dass die Schadensschwelle lokal starken Schwankungen unterliegt. Es konnte also nicht davon ausgegangen werden nach einer Beschädigung die gleichen Resultate bezüglich der möglichen Maximalleistung zu erzielen.

5.3 Gekrümmte Substrate

Versuche des Justageverfahrens aus Abschnitt 5.1 mit einem HRM anstelle des MAM haben die einfache Umsetzung und Praktikabilität dieser Methode erwiesen. Es zeigte sich jedoch bald, dass die zuverlässige Justage mit MAMs nicht möglich ist und der so justierte Laser instabil arbeitet. Dies manifestierte sich dadurch, dass der Laser nicht anschwingen konnte, obwohl er korrekt justiert war. Weiter war die benötigte Pumpleistung bis zu 35 % höher um gleiche Ausgangsleistungen zu erreichen. Ein derartiger Anstieg kann nicht durch die erhöhten Resonatorverluste durch den MAM (etwa 6 % zusätzliche Auskoppelrate) erklärt werden. In einigen Fällen brach der Laserbetrieb auch temporär ab und startete wieder. Durch Variation des zweiten Teleskopabstands können Korrekturen vorgenommen werden, welche die beschriebenen Instabilitäten beseitigen. Simulationen zeigten, dass die

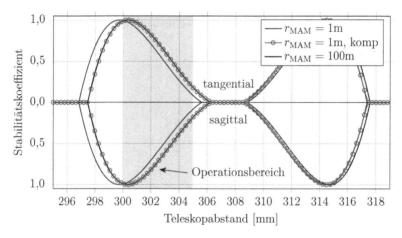

Abb. 5.2: Stabilitätssimulation für verschiedene Substratkrümmungen des MAM im Fokus des zweiten Teleskops im Oszillator. Die Simulation wurde mit WinLase® durchgeführt und zeigt den Stabilitätskoeffizienten s aus Gleichung (2.6) für variierende Distanzen zwischen dem ersten Teleskopspiegelpaar. Die Simulation zeigt, dass eine Krümmung des Substrats von 1 m durch verkürzen des zweiten Teleskopabstands um 700 μm kompensiert werden kann. Üblicherweise betrug der erste Teleskopabstand zwischen 300 mm und 305 mm (grau markierter Bereich).

oben beschriebenen Instabilitäten durch eine Krümmung des MAM-Substrats verursacht werden kann. Dadurch wird der Resonatorstabilitätsbereich verschoben. Die Simulationsergebnisse in Abb. 5.2 zeigen die Stabilität des Lasers in Abhängigkeit vom ersten Teleskopabstand. Der Bereich in dem der Laser hauptsächlich betrieben wurde ist grau markiert. Es wurden die Fälle für ein annähernd ebenes Substrat mit Krümmungsradius $r_{MAM} = 100\,m$ ohne Kompensation, ein gekrümmtes Substrat mit $r_{MAM} = 1\,m$ ohne Kompensation und ein gekrümmtes Substrat mit $r_{MAM} = 1\,m$ mit Kompensation simuliert.

Auch im Experiment lässt sich die Substratkrümmung gut ausgleichen. Im Modell geschah dies durch eine Verkürzung des zweiten Teleskopabstands um 700 µm. Eine wahrscheinliche Erklärung für die Substratkrümmung ist die geringe Dicke des Substrats selbst von $\approx 1\,mm$. Die Oberflächenspannung der Beschichtung krümmt aus diesem Grund das Spiegelträgermaterial. Der Effekt ist bei allen Proben in unterschiedlich starker Ausprägung zu beobachten. Es wurde kein dickeres Substrat verwendet, da der MAM auch einen Teil der einfallenden Leistung transmittiert. Der transmittierte Strahl kann das Substrat durch Selbstfokussierung beschädigen. Bei zu langer Propagation im Trägermaterial des Spiegels tritt dieser Effekt bei geringeren Leistungen auf. Da in den meisten Resonatorkonfigurationen auf den MAM fokussiert wurde, und so der Modenradius bereits bei Eintritt in das Substrat klein ist, ist dies von besonderer Wichtigkeit.

6 Experimentelle Untersuchungen

Dieses Kapitel widmet sich den Experimenten, die im Rahmen dieser Arbeit mit dem MAM durchgeführt wurden. Zielsetzung war es zu zeigen, dass ein nichtlinearer Effekt in der Beschichtung des MAM auftritt und dieser die Reflektivität für Wellenlängen um 1030 nm erhöht und somit die Resonatorverluste reduziert. Im Idealfall sollte Modenkopplung nur durch die nichtlinearen Eigenschaften des MAM erzielt werden.

6.1 Modulation durch Endspiegel

In diesem Versuch sollte das Verhalten des MAM in einer durch periodische Modulationen gestörten Kavität untersucht werden. Der Gedanke hinter diesem Experiment war es, durch die Modulation ausreichend hohe Intensitätsschwankung zu erzeugen, um möglicherweise selbsterhaltende Modenkopplung zu starten oder Anzeichen für Pulsaufbau zu beobachten.

6.1.1 Aufbau

Die erforderlichen Intensitäten von etwa $45 \, \frac{\text{GW}}{\text{cm}^2}$, um den Modulationseffekt durch den MAM zu beobachten, siehe Kapitel 4, können innerhalb des Resonators nur erreicht werden, wenn die Resonatormode auf den MAM fokussiert wird. Dazu musste ein Resonator mit zwei Foki entwickelt werden, in dem ein Teleskop über den MAM gefaltet werden konnte. Für spätere Experimente sollte der Resonator zwei Foki besitzen, da das Verhalten des MAM in einem KLM-Resonator untersucht werden sollte.

Der verwendete Aufbau basiert auf dem in Kapitel 3 gezeigten. Der Diagnostikaufbau, der Verstärkungskristall mit seinem Laserkopf, der 3,5 % OC und das erste Teleskop wurden übernommen. Da der Einfluss von anderen nichtlinearen Effekten in der Kavität ausgeschlossen werden sollte, wurde kein Kerrmedium für die in diesem Abschnitt beschriebenen Experimente im Resonator platziert.

Anstatt des HRM Endspiegels wurde ein 1 % OC auf einer magnetischen Grundplatte hinzugefügt. Mit dieser Subkavität können, wie in Abschnitt 5.1 beschrieben, die weiteren optischen Elemente des gesamten Aufbaus ausgerichtet werden, siehe Abb. 6.1.

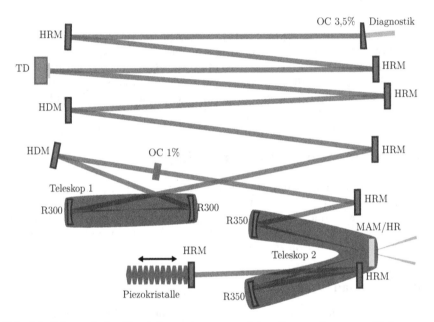

Abb. 6.1: Schematische Darstellung des verwendeten Laseraufbaus zur Untersuchung des MAM-Verhaltens bei periodischer Störung des Resonators,
einem diodengepumpten Yb:YAG TD Laser. Dargestellt sind Auskoppelspiegel (OC 3,5 %), Laserkopf (TD), zwei Teleskope aus zwei Paaren konkaven HRMs mit den Krümmungsradien von 300 mm (R300) und 350 mm
(R350), Probenposition im bzw. Nahe des Fokuses des zweiten Teleskops
(MAM/HRM), und HDMs mit einer Gesamtdispersion von $-12\,000\,\mathrm{fs}^2$.
Der entfernbare 1 % OC bildet eine Subkavität, die zur Justage des gesamten Resonators dient.

Mit einem zweiten Teleskop aus zwei konkaven $r = 350\,\text{mm}$ HRMs im Resonator wird die Mode auf die Oberfläche der Probe fokussiert und so die benötigten Intensitäten zum Treiben des nichtlinearen Effekts erreicht.

Die periodischen Modulationen wurden durch einen HRM induziert, welcher auf einem Stapel piezoelektrischer Kristalle aufgeklebt war. Aus einem Frequenzgenerator stammende, sinusförmige Welchselspannug wurde durch eine Treiberelektronik verstärkt und brachte die Piezokristalle zum Schwingen. Dieser Spiegel diente als Endelement, da hier unvermeidbare Abweichungen in seiner Ausrichtung die geringsten Einflüsse auf den Resonator besitzen.

Zwei HDM sorgten für die Dispersion von $-12\,000\,\text{fs}^2$ pro Resonatorumlauf, um solitonische Modenkopplung zu ermöglichen.

6.1.2 Ergebnisse

Das Signal einer Photodiode, welche die Ausgangsintensität hinter dem 3,5 % OC beobachtet, wurde mit einem Oszilloskop aufgezeichnet und es wurde untersucht, ob der Laser ausschließlich CW Strahlung abgibt oder teilweise gepulst arbeitet. Die Pump- und durchschnittliche Ausgangsleistung wurden konstant gehalten. Da nur drei Betriebszustände des Lasers verglichen werden sollten, wurde davon abgesehen eine Konversion der Photodiodenspannung in die tatsächliche Intensität vorzunehmen. Die Messdaten sind in Abb. 6.2 dargestellt. In einem ersten Schritt

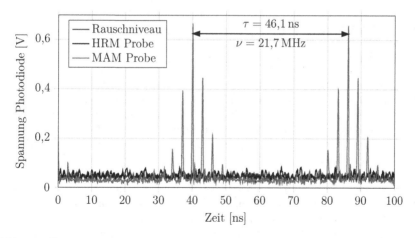

Abb. 6.2: Zeitliche Intensitätsverteilung des Ausgangssignals aufgenommen mit einer Photodiode bei periodischer Modulation des HRM Endspiegels mit 69 Hz für MAM und HRM als Probe sowie HRM ohne Modulation als Rauschniveaubestimmung.

sollte das Rauschniveau des gesamten Aufbaus bestimmt werden, weshalb der Laser ohne Modulation betrieben und ein HRM als Probe eingesetzt wurde. Das aufgezeichnete Signal für dieses und die weiteren Experimente ist in Abb. 6.2 dargestellt. Sein zeitlicher Mittelwert beträgt 44 mV mit einer Standardabweichung von 6,6 mV.

Im zweiten Schritt wurde der Modulationsspiegel bei einer Frequenz von 69 Hz betrieben und eine Referenzkurve ebenfalls mit einem HRM als Probe aufgenommen. Hierbei zeigte sich kein signifikanter Unterschied zwischen dem Rauschniveau und der Referenzkurve, da der Mittelwert des Signals nahe dem des ersten bei 49 mV bei einer Standardabweichung von 10,7 mV liegt.

Im letzten Schritt wurde der HRM gegen einen MAM ausgetauscht und in der Probenhalterung montiert. Hier zeigte sich ein deutlicher Unterschied zu den vorher aufgenommenen Kurven in Form von starken periodischen Modulationen bei der Wiederholrate des Oszillators von 21,6 MHz, die bei einer Modulationsfrequenz von 69 Hz am größten waren.

Da die Periodendauer des Signals genau der Resonatorumlaufdauer entspricht, kann davon ausgegangen werden, dass es sich um eine Art Pulsaufbau handelt. Dieses Phänomen war nicht selbsterhaltend, es brach mit Abschalten der Modulation zusammen, konnte aber reproduziert werden.

Aus diesen Ergebnissen lässt sich der Schluss ziehen, dass der MAM den Pulsaufbau unterstützt und damit erste Anzeichen für nichtlineare Effekte erkennbar sind, die zur Modenkopplung beitragen können.

6.2 MAM und KLM Experimente

CW-Betrieb

In einem Laseroszillator schwingen die Moden an, deren Verluste über die Verstärkung durch die stimulierte Emission im Lasermedium ausgeglichen werden. Mit Einbringen eines spektralen Filters in den Resonator kann so die Wellenlänge des Lasers variiert werden, so zum Beispiel mit Beugungsgittern [56].

Da die nichtlinearen Eigenschaften des MAM die Wellenlänge seiner Filterkante verschieben, verschiebt er auch die spektralen Verluste des Resonators. Eine Konsequenz daraus ist die Verschiebung der Laserwellenlänge in Abhängigkeit von der eingestrahlten Intensität auf den MAM. Da die Lage der Filterkante auch vom Einfallswinkel θ abhängt, beeinflusst auch dieser die Emissionswellenlänge des Lasers.

In einem Vorversuch wurde ein CW Resonator ähnlich dem aus Abb. 6.1 aufgebaut, in dem der MAM bei geringen Intensitäten unter verschiedenen Einfallswinkeln betrieben wurde. In diesem Fall sollten keine nichtlinearen Effekt zu beobachten sein. Die Emissionsspektra in Abhängigkeit des Einfallswinkels sind in Abb. 6.3 veranschaulicht. Es zeigt sich die erwartete Verschiebung von langen Wellenlängen hin zu kürzeren mit steigendem Einfallswinkel.

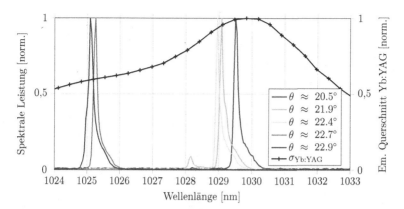

Abb. 6.3: Spektrale Verschiebung eines Resonators durch den MAM bei niedrigen Intensitäten im CW-Betrieb. Der Emissionsquerschnitt $\sigma_{Yb:YAG}$ von Yb:YAG [16] ist ebenfalls abgebildet um zu zeigen, dass dieser bei der hier erreichten Verschiebung bereits um etwa 40 % abnimmt.

Weil der Emissionsquerschnitt von Yb:YAG $\sigma_{Yb:YAG}$ bei der Verschiebung von 1030 nm zu 1025,5 nm bereits um 40 % abnimmt konnte der Laser bei konstanter Pumpleistung nicht mit konstanter Ausgangsleistungen betrieben werden. Dieser Vorversuch zeigte, dass sich die Kantenstruktur der Beschichtung des MAM bei niedrigen Intensitäten so verhält wie erwartet.

Übergang zwischen CW-Betrieb und ML-Betrieb

Im folgenden Experiment soll nach dem ersten Vorversuch bei geringen Intensitäten das Verhalten des MAM bei hohen Spitzenleistungen im KLM-Oszillator untersucht werden. Hierfür wurde der MAM in einer Kavität, welche in Abb. 6.4 dargestellt ist, mit zwei Teleskopen verwendet. Im Fokus des ersten (konnkav, $r = 300$ mm) war das Kerr-Medium, ein 3 mm Saphirkristall, positioniert. Im Fokus des zweiten (konkaven, $r = 350$ mm) war der MAM eingesetzt. Mittels des Saphirkristalls und einer Kupferapertur nahe des Endspiegels konnte KLM erzielt werden. Die Intensität auf der Probe konnte durch Verschieben dieser innerhalb des zweiten Teleskops hin zum Fokus vergrößert werden. Die Distanz zwischen dem ersten Teleskopspiegel des zweiten Teleskops und dem MAM d_1 wurde vergrößert und die Distanz zwischen dem MAM und dem zweiten Teleskopspiegel des zweiten Teleskops d_2 verkleinert. Um die Stabilität des Lasers nicht zu verändern, wurde der gesamte Teleskopabstand $d_{tel.} = d_1 + d_2$ konstant gehalten. Der Einfallswinkel auf der Probe sollte konstant gehalten werden, um keine Verschiebung der Laserwellenlänge bei niedrigen Intensitäten zu erzeugen.

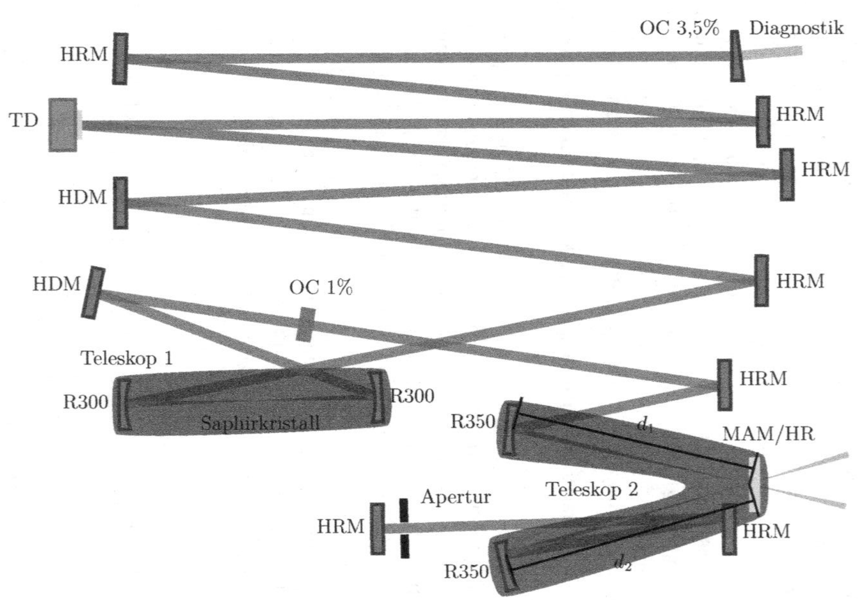

Abb. 6.4: Schematische Darstellung des verwendeten Laseraufbaus zur Messung der spektralen Verschiebung beim Übergang vom CW Betrieb in den KLM Betrieb, einem diodengepumpten Yb:YAG Kerr-Linsen modengekoppelten TD Laser. Dargestellt sind Auskoppelspiegel (OC 3,5 %), Laserkopf (TD), zwei Teleskope aus zwei Paaren konkaven HRMs mit den Krümmungsradien von 300 mm (R300) und 350 mm (R350), 2 mm Saphir Platte (Kerr Medium), Kupferapertur, Probenposition im bzw. Nahe des Fokuses des zweiten Teleskops (MAM/HRM), und HDMs mit einer Gesamtdispersion von $-12\,000$ fs^2. Der entfernbare 1 % OC bildet eine Subkavität die zur Justage des gesamten Resonators dient.

Die Simulation der Modenradii in sagittaler und tangentialer Strahlebene $w_{tang.}$ und $w_{sag.}$ ist in Abb. 6.5 dargestellt. Aus ihr, der Ausgangsleistung $P_{ausg.}$, der Wiederholrate $f_{rep.} = 20\,\text{MHz}$ und der Pulsdauer $\tau_{FWHM} = 300\,\text{fs}$, unter Annahme einer sech^2-Form abgeschätzt aus der Breite (FWHM) des Emissionsspektrum durch $\Delta\nu_{Puls}\tau_{Puls} \geq 0{,}315$ [24], kann die Spitzenintensität auf dem MAM in Abhängigkeit seiner Posititon abgeschätzt werden. Hierzu wurde Gleichung (6.1) verwendet. Weil sich die Modengröße nahe am Fokus stark ändert, steigt der relative Fehler an. Es wurde ein Fehler bei der Längenmessung von $\pm 1\,\text{mm}$ angenommen. Da der Leistungsmessfehler nur linear zum Gesamtfehler beiträgt, wurde dieser vernachlässigt.

$$I_{max} = \underbrace{\frac{0{,}88 \cdot P_{ausg.}}{\tau_{FWHM}f_{rep.} \cdot 0{,}035}}_{\text{Puls-Spitzenleistung}} \cdot \underbrace{\frac{2}{\pi w_{tang.}.w_{sag.}}}_{\text{Strahlquerschnitt}} \qquad (6.1)$$

Tab. 6.1 zeigt die Distanzen im zweiten Teleskop, die aus der Simulation bestimmten Modenradii und daraus berechneten Spitzenintensitäten I_{max}. Die an jeder der acht

Tab. 6.1: Ergebnisse aus der Intensitätsabschätzung mit Gleichung (6.1). d_1 und d_2 beschreiben die Position der Probe im Resonator, w den Modenradius, $P_{Ausg.}$ die Ausgangsleistung nach dem 3,5 %OC und I_{max} die daraus abgeschätzte Spitzenintensität

Position	$d_1[\text{mm}]$	$d_2[\text{mm}]$	$w_{tang.}[\mu\text{m}]$	$w_{sag.}[\mu\text{m}]$	$P_{ausg.}[\text{W}]$	$I_{max}[\frac{\text{GW}}{\text{cm}^2}]$
1	154 ± 1	196 ± 1	156^{+7}_{-7}	156^{+7}_{-7}	$1{,}14$	13^{+1}_{-1}
2	156 ± 1	195 ± 1	142^{+7}_{-7}	142^{+7}_{-7}	$1{,}13$	15^{+2}_{-1}
3	158 ± 1	192 ± 1	127^{+7}_{-7}	128^{+7}_{-7}	$1{,}16$	19^{+2}_{-2}
4	160 ± 1	190 ± 1	114^{+7}_{-7}	114^{+7}_{-7}	$0{,}97$	20^{+3}_{-2}
5	162 ± 1	188 ± 1	100^{+7}_{-7}	100^{+7}_{-7}	$1{,}01$	27^{+4}_{-3}
6	165 ± 1	186 ± 1	80^{+6}_{-7}	80^{+6}_{-7}	$1{,}10$	45^{+8}_{-7}
7	167 ± 1	185 ± 1	68^{+6}_{-6}	68^{+6}_{-6}	$1{,}20$	70^{+14}_{-11}
8	170 ± 1	182 ± 1	50^{+5}_{-5}	50^{+5}_{-5}	$1{,}30$	136^{+31}_{-25}

Positionen aufgezeichneten Emissionsspektra des Lasers im CW- und ML-Betrieb sind in Abb. 6.6 abgebildet. Im CW-Betrieb ist die Zentralwellenlänge aufgrund der Langpassfiltereigenschaften des MAM von 1030 nm auf etwa 1025,5 nm verschoben. Die Konstanz dieser Ausgangslage über die verschiedenen Probenpositionen im Oszillator zeigt, dass der Einfallswinkel auf dem MAM während der Messungen unverändert geblieben ist. Für die hier verwendete Probe betrug er $\approx 17°$. Ab der fünften Resonatorposition, siehe Tab. 6.1, des MAM beginnt eine Verschiebung des Spektrums beim Übergang vom CW Zustand in den KLM Zustand. Eine mögliche Erklärung für diese Verschiebung ist der Kerr-Effekt in der Beschichtung des MAM, welcher seine Filterkante von 1030 nm zu längeren Wellenlängen verschiebt. Der

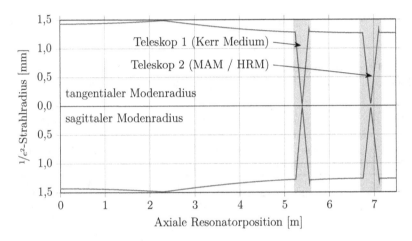

Abb. 6.5: Simulierter Modenradius des Oszillators zur Beobachtung der spektralen Verschiebung beim Übergang von CW-Betrieb zum ML-Betrieb. Die Werte für den Radius des Fokus im zweiten Teleskop wurden zur Abschätzung der Spitzenintensität auf dem MAM verwendet. Der Strahl wird an insgesamt fünf stellen fokussiert, was durch vier gekrümmte Spiegel und die nicht perfekt plane TD geschieht.

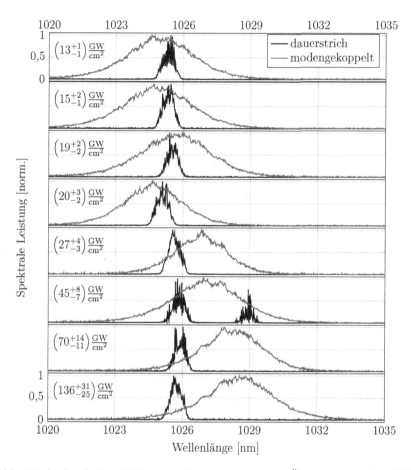

Abb. 6.6: Spektrale Verschiebung der Laseremission beim Übergang zwischen CW-Betrieb und ML-Betrieb. Von oben nach unten gesehen wurde die Probe im Resonator immer weiter zum Fokus des zweiten Teleskops verschoben. In jedem Spektrum ist die abgeschätzte Spiztenintesität für die jeweilige Position abgebildet. Grundlage für die Fehlerberechnung der Intensität ist der Fehler der Position der Probe im Resonator. Weil sich die Modengröße nahe am Fokus stark ändert, steigt der Fehler stark an. Es wurde ein Fehler bei der Längenmessung von $\pm 1\,\mathrm{mm}$ angenommen. Da die Leistungsmessfehler nur linear zum Gesamtfehler Beiträgt wurde dieser vernachlässigt.

Resonator kann deshalb bei höheren Spitzenintensitäten auch bei längeren Wellenlängen, welche näher beim Maximum des Emissionsquerschnitts von Yb:YAG liegen, schwingen.

Aus diesem Experiment kann geschlossen werden, dass eine Verschiebung der Filterkante stattfindet. Allerdings wurden die Spektra nicht zeitaufgelöst gemessen, deshalb lässt sich nichts über die Geschwindigkeit des Prozesses sagen. Neben dem Kerr-Effekt könnte auch die Temperaturabhängigkeit des Brechungsindexes $n(T)$ den gleichen Effekt erzielen oder einen vorhandenen Effekt übermäßig groß erscheinen lassen. Dies wird in Abschnitt 6.3 genauer untersucht.

In dem hier beschrieben Experiment trat eine spektrale Verschiebung der Laserwellenlänge bei 30 $\frac{GW}{cm^2}$ auf. In der Messung der MAM-Reflektivität außerhalb des Resonators aus Kapitel 4 geschah dies erst bei etwa 45 $\frac{GW}{cm^2}$. Beide Größen sind stark fehlerbehaftet und wurden mit zwei verschiedenen Proben[1] ermittelt, weshalb hier von einer ausreichenden Übereinstimmung ausgegangen wird, um die gemessenen Resultate nicht grundlegend anzuzweifeln.

In der letzten gemessenen Position war der MAM etwa 5 mm vom Fokus des zweiten Teleskops entfernt, weshalb die maximal erreichbare Spitzenintesität nicht erzielt wurde. Bei mehreren Iterationen des Versuchs stellte sich heraus, dass die Wahrscheinlichkeit für die lokale Zerstörung der Beschichtung mit der Nähe zum Fokus stark anwächst. Eine Positionierung der Probe näher am Fokus als die letzte hier beschriebene Entfernung führte in allen Fällen zur Zerstörung der Probe nach wenigen Sekunden Laserbetrieb.

Nach dem hier präsentierten Experiment wurde versucht, in der letzten Konfiguration (genereller Aufbau wie Abb. 6.4 und Position 8 aus Tab. 6.1) die Modenkopplung nur auf Basis der MAM-Nichtlinearität zu erzielen. Das Kerr-Medium wurde zu diesem Zweck entfernt, um keine Nichtlinearität außer der in der Probenbeschichtung in der Kavität zu erzeugen. Zum Starten des Modenkopplungsprozesses wurde der auf einem Verschiebetisch positionierte Endspiegel manuell schnell bewegt[2]. Bei der Beobachtung der emittierten Strahlung mittels einer Photodiode zeigten sich keine Anzeichen für selbsterhaltende Modenkopplung.

6.3 Thermische Effekte

Der MAM transmittiert einen Teil der einfallenden Leistung, in den bisher beschriebenen Experimenten überlicherweise zwischen 1 % und 3,5 %. Ein Teil dieser Leistung kann absorbiert werden. Da der Fokus auf der Beschichtung nur wenige 10 µm Durchmesser besitzt, würde eine Temperaturerhöhung äußerst schnell geschehen und selbst geringe absorbierte Leistungen könnten einen deutlichen Temperaturanstieg bewirken. Dieser könnte eine ähnliche spektrale Verschiebung wie

---

[1] Diese stammten jedoch aus einer Beschichtungscharge.

[2] circa 5 mm in etwa 0,5 s

die oben beschriebene hervorrufen, weil der Brechungsindex mit steigender Temperatur ebenfalls anwächst.

Aus diesem Grund muss untersucht werden, ob die spektrale Verschiebung tatsächlich auf der Nichtlinearität der Beschichtung beruht oder teilweise, beziehungsweise gar vollständig, aufgrund von lokaler Temperaturerhöhung abläuft.

Lineare Absorption

Beim Übergang vom CW-Betrieb in den ML-Betrieb erhöht sich die Durchschnittsleistung des Lasers, bei dem hier verwendeten Aufbau typischerweise um 30 % bis 50 % beim Start der Multipulsoperation oder etwa 10 % beim direkten Start der Einzelpulsoperation, wodurch sich die Probenoberfläche lokal aufheizen kann.

Es wurde aus diesem Grund das Spektrum des Lasers sowohl mit MAM als auch HRM für verschiedene durchschnittliche Ausgangsleistungen aufgenommen. Die Messungen wurden alle im CW-Betrieb durchgeführt. Ihre Ergebnisse sind in Abb. 6.7 dargestellt. Das Kerr-Medium wurde aus dem Oszillator entfernt um den Laser sicher im CW-Zustand zu betreiben.

Es zeigt sich keine Verschiebung der Zentralwellenlänge des Spektrums, obwohl weitaus höhere Intrakavitätsleistungen $P_{Kav.}$ von bis zu 230 W im Vergleich zu den vorherigen $\approx$ 30 W erreicht wurden. Daraus lässt sich schließen, dass die Durchschnittsleistung keinen Einfluss auf die spektrale Lage der Filterkante hat, die das vorherige Messergebnis verfälschen könnte. Lineare Absorptionseffekte sollten unabhängig von der Spitzenintensität, also auch im CW-Betrieb des Lasers auftreten. Die Form des Spektrums mit zwei Maxima neben einem Minimum bei der Zentralwellenlänge ist auf räumliches Lochbrennen zurückzuführen. Dieser Effekt tritt im Lasermedium selbst auf und wird nicht vom MAM beeinflusst [57].

Nichtlineare Absorption

Neben der Durchschnittsleistung, die im vorherigen Abschnitt besprochen wurde, erhöht sich beim Start der Modenkopplung auch die Spitzenleistung vom Watt in den Gigawatt Bereich. Deshalb besteht die Möglichkeit, dass nichtlineare Absorptionsprozesse, zum Beispiel Mutliphotonabsorption [20], im ML-Zustand verstärkt auftreten und so die Probe lokal stärker aufheizen.

Um auch Effekte dieser Art als mögliche Quelle der spektralen Verschiebung zu untersuchen, wurde die Probe beim Start der ML mit einer Wärmebildkamera beobachtet. Die aufgenommenen Bilder sind in Abb. 6.8 dargestellt. Zur Modenkopplung wurde ein 3 mm dicker Saphirkristall im Fokus des ersten Oszillatorteleskops eingesetzt. Als Vergleichsgrundlage wurde der Laser mit einem HRM an der Probenposition modengekoppelt. Die Bilder der Wärmebildkammera in Abb. 6.8a und 6.8b zeigen für diesen Fall eine Übereinstimmung der lokalen Spiegeltemperatur von 29 °C beziehungsweise 31 °C. Die Situation ist im Fall des MAM anders, denn zum einen

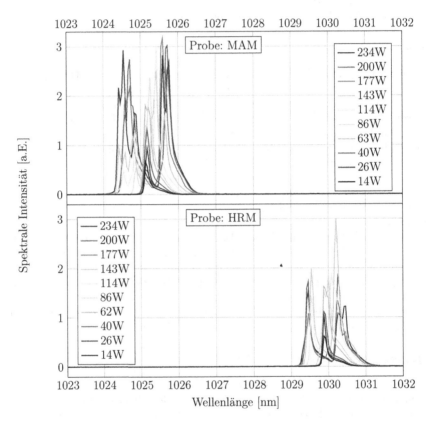

Abb. 6.7: Verhalten des Ausgangsspektrums des Oszillators bei Variation der Intra-kavitätsleistung im CW-Betrieb für eine MAM-Probe und Referenzprobe (HRM). Die Emissionswellenlänge für die MAM-Probe ist verschoben, weil sie als Faltungsspiegel unter einem Einfallswinkel $\neq 0$ im Resonator verbaut war.

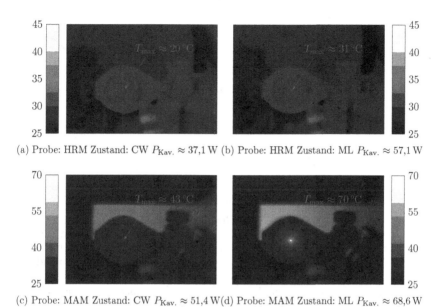

(a) Probe: HRM Zustand: CW $P_{\text{Kav.}} \approx 37,1\,\text{W}$ (b) Probe: HRM Zustand: ML $P_{\text{Kav.}} \approx 57,1\,\text{W}$

(c) Probe: MAM Zustand: CW $P_{\text{Kav.}} \approx 51,4\,\text{W}$(d) Probe: MAM Zustand: ML $P_{\text{Kav.}} \approx 68,6\,\text{W}$

Abb. 6.8: Aufnahmen von einem HRM und einer MAM-Probe in einem Oszillator mit einer Wärmebildkamera im CW- und ML-Betrieb bei einer Raumtemperatur von $T_{Raum} = 25,2\,^\circ\text{C}$. Die Proben wurden als Faltungsspiegel in einem Teleskop eingesetzt und waren 5 mm von dessen Fokus entfernt. Die jeweiligen Intrakavitätsleistungen $P_{\text{Kav.}}$ sind mit vermerkt.

ist hier die Ausgangstemperatur im CW-Betrieb, siehe Abb. 6.8c, mit 43 °C höher, was teilweise auf die höhere Intrakavitätsleistung zurückgeführt werden kann. Dies deutet auf eine höhere Absorption der Strahlung hin. Zum anderen ist ein signifikanter Temperaturunterschied im ML-Betrieb, siehe Abb. 6.8d, zu beobachten, da hier die Temperatur 70 °C beträgt. Dies deutet auf Absorptionseffekte hin, die von der Spitzenleistung abhängig sind. Zur Einschätzung der Temperaturabhängigkeit der MAM Eigenschaften wurde von Elena Fedulova das Transmissionsspektrum einer abkühlenden Probe aufgezeichnet. Die Ergebnisse sind in Abb. 6.9 dargestellt. Die Filterkante dieser Probe ist spektral zu längeren Wellenlängen hin verschoben, weshalb sie erst bei etwa 1042 nm über 20 % erreicht. Dies ist das Ergebnis einer verfahrensbedingten Variation der Schichtdicken bei der Herstellung. Die thermischen Eigenschaften der Probe sollten aber mit den im Oszillator verwendeten Proben übereinstimmen. Es zeigte sich während der gesamten Abkühlphase der Probe von

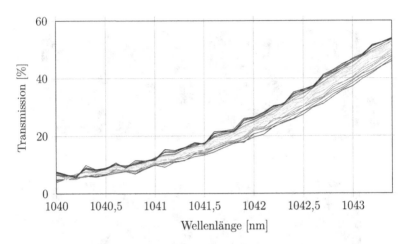

Abb. 6.9: Transmissionskurven des MAM für verschiedene Temperaturen. Gemessen von Elena Fedulova. Die Transmissionsspektra wurden während dem Abkühlen einer erhitzen Probe von $(71 \pm 2)\,°C$ (rot) auf $(23 \pm 2)\,°C$ (blau) aufgenommen. Es zeigt sich eine Temperaturabhängigkeit der Transmission bei einer gegebenen Wellenlänge.

$(71 \pm 2)\,°C$ zu $(23 \pm 2)\,°C$ ein Abfall der Reflektivität bei einer definierten Wellenlänge, was im Umkehrschluss bedeutet, dass erhöhte Temperaturen zu erhöhten Reflektivitäten der Beschichtung führen. Eine andere Interpretation der Abb. 6.9 ist, dass der Temperaturanstieg die Filterkante des MAM, wie die Nichtlinearität, zu langen Wellenlängen verschiebt. Aus Abb. 6.9 geht hervor, dass die Transmission des MAM bei einer Wellenlänge von 1042 nm und von 26 % auf 20 % um 0,14 $\frac{\%}{°C}$ absinkt. Es ist auch ersichtlich, dass die Temperaturabhängigkeit der Transmission mit sinkender initialen Transmission abnimmt. Dies lässt sich daran erkennen, dass der Unterschied zwischen den mit heißen und kaltem Substrat gemessenen Kurven bei kleinen Transmissionen kleiner wird. Daraus lässt sich schließen, dass die Temperaturerhöhung beim Starten der Modenkopplung das Verhalten des MAM beeinflusst. Das Ausmaß ist aus den vorhandenen Daten nicht abschätzbar.

Die absoluten Temperaturwerte aus den Wärmebildaufnahmen sind nicht zuverlässig, da für eine genau Bestimmung der Temperatur der Emissionsgrad der Probe bekannt sein muss. Dieser ist als $\epsilon = \frac{M_e}{M_e^0}$ mit der tatsächlich abgestrahlten Leistung M_e und der eines Schwarzkörperstrahlers gleicher Oberfläche und Temperatur M_e^0 definiert. Er gibt an, wie viel Strahlung ein Körper im Vergleich zu einem idealen Schwarzkörperstrahler abgibt. Für die Wärmebildaufnahmen in Abb. 6.8 wurde angenommen, die Probe sei ein idealer Schwarzkörperstrahler ($\epsilon = 1$), weshalb die tatsächliche Temperatur höher als die hier gemessene liegt. Mit diesen Untersuchungen konnte eine Beteiligung von thermischen Effekten an der spektralen Verschiebung der Laseremission aus Abschnitt 6.2 nicht ausgeschlossen werden.

7 Fazit und Ausblick

Der neu entwickelte hochdispersive Spiegel mit $-10\,000\,\text{fs}^2$ GDD konnte erfolgreich zum ersten Mal in einem femtosekunden Oszillator bei niedrigen Intrakavitäts-leistungen eingesetzt werden. Es zeigten sich im Vergleich zu bereits bekannten Spiegelsätzen mit gleicher GDD im Rahmen der Genauigkeit keine Unterschiede. (Kapitel 3)

In einem nächsten Schritt muss die Leistungsskalierbarkeit untersucht werden, wobei besonderes Augenmerk auf das thermische Verhalten der Beschichtung und seine Zerstörschwelle gelegt werden muss.

Bei der Untersuchung des MAM zeigte sich, dass durch nichtlineare Effekte Störungen im stabilen CW-Resonator verstärkt werden. (Abschnitt 6.1) Es konnte auch bestätigt werden, dass die erwartete spektrale Verschiebung der Laseremission durch den MAM auftritt und durch den Einfallswinkel auf diesen variiert werden kann. (Abschnitt 6.2) Selbsterhaltende Modenkopplung durch die Nichtlinearität des MAM konnte nicht umgesetzt werden. Beim Anstieg der Spitzenintensität nach dem Start der ML konnte ein Temperaturanstieg auf der MAM-Oberfläche beobachtet werden (Abschnitt 6.3), welche nicht als Hauptursache der spektralen Verschiebung ausgeschlossen werden konnte.

Um den MAM erfolgreich als Modelocker einzusetzen, ist es notwendig noch zwei weitere Experimente durchzuführen. Zum einen muss die Auskoppelrate des MAM erhöht werden. Dies würde mehr Raum für ein stärkeres Ansteigen der Reflektivität lassen und damit die potentielle Modulationstiefe erhöhen. Hierzu wird ein Resonator mit höherem Verstärkungspotential benötigt, umgesetzt durch mehrere Reflexionen auf der TD [58], welcher sich im Moment im Aufbau befindet. Zum anderen muss untersucht werden, welchen Anteil thermische Effekte im Vergleich zu Nichtlinearitäten zu den Eigenschaften des MAM beitragen. Durch eine zeitaufgelöste Beobachtung des Spektrums könnte festgestellt werden, ob die Verschiebung instantan stattfindet oder nicht.

Literatur

[1] I. Walmsley, L. Waxer und C. Dorrer. „The role of dispersion in ultrafast optics". In: *Review of Scientific Instruments* 72.1 (2001), Seiten 1–29.

[2] S. De Silvestri, P. Laporta und O. Svelto. „The role of cavity dispersion in CW mode-locked dye lasers". In: *Quantum Electronics, IEEE Journal of* 20.5 (1984), Seiten 533–539.

[3] A. Giesen, H. Hügel, A. Voss, K. Wittig, U. Brauch und H. Opower. „Scalable concept for diode-pumped high-power solid-state lasers". In: *Applied Physics B* 58.5 (1994), Seiten 365–372.

[4] J. Brons u. a. „Power-scaling a Kerr-lens mode-locked Yb: YAG thin-disk oscillator via enlarging the cavity mode in the Kerr-medium". In: *CLEO: Science and Innovations*. Optical Society of America. 2014, SM4F–7.

[5] O. Pronin u. a. „Power and energy scaling of Kerr-lens mode-locked thin-disk oscillators". In: *SPIE Photonics Europe*. International Society for Optics und Photonics. 2014, 91351H–91351H.

[6] J. Brons u. a. „Energy scaling of Kerr-lens mode-locked thin-disk oscillators". In: *Optics letters* 39.22 (2014), Seiten 6442–6445.

[7] C. R. E. Baer u. a. „Femtosecond thin-disk laser with 141 W of average power". In: *Optics letters* 35.13 (2010), Seiten 2302–2304.

[8] D. Bauer, I. Zawischa, D. H. Sutter, A. Killi und T. Dekorsy. „Mode-locked Yb: YAG thin-disk oscillator with 41 μJ pulse energy at 145 W average infrared power and high power frequency conversion". In: *Optics express* 20.9 (2012), Seiten 9698–9704.

[9] C. J. Saraceno u. a. „Toward millijoule-level high-power ultrafast thin-disk oscillators". In: *Selected Topics in Quantum Electronics, IEEE Journal of* 21.1 (2015), Seiten 106–123.

[10] E. Fedulova u. a. „Highly-dispersive mirrors reach new levels of dispersion". In: *Optics Express* 23.11 (2015), Seiten 13788–13793.

[11] A. E. Siegman. *Lasers*. University Science Books, 1986.

[12] A. Javan, W. R. Bennett Jr und D. R. Herriott. „Population inversion and continuous optical maser oscillation in a gas discharge containing a He-Ne mixture". In: *Physical Review Letters* 6.3 (1961), Seite 106.

[13] O. Peterson, S. Tuccio und B. Snavely. „CW operation of an organic dye solution laser". In: *Applied Physics Letters* 17.6 (1970), Seiten 245–247.

[14] A. Einstein. „Zur Quantentheorie der Strahlung". In: *Physikalische Zeitschrift* 18 (1917), Seiten 121–128.

[15] T. H. Maiman. „Stimulated Optical Radiation in Ruby". In: *Nature* 187.4736 (Aug. 1960), 493â€"494. ISSN: 0028-0836. DOI: 10 . 1038 / 187493a0. URL: http://dx.doi.org/10.1038/187493a0.

[16] K. Contag. *Modellierung und numerische Auslegung des Yb: YAG-Scheibenlasers*. Herbert Utz Verlag, 2002.

[17] O. Svelto und D. C. Hanna. *Principles of lasers*. Springer, 1976.

[18] N. Hodgson und H. Weber. *Optical Resonators: Fundamentals, Advanced Concepts, Applications*. Band 108. Springer Science & Business Media, 2005.

[19] P. W. Smith. „Mode-locking of lasers". In: *Proceedings of the IEEE* 58.9 (1970), Seiten 1342–1357.

[20] R. W. Boyd. *Nonlinear optics*. Academic press, 2003.

[21] R. Adair, L. Chase und S. A. Payne. „Nonlinear refractive index of optical crystals". In: *Physical Review B* 39.5 (1989), Seite 3337.

[22] R. Trebino. *FROG*. Springer, 2000.

[23] E. Boutet. *Diagram illustrating self-phase modulation*. März 2007. URL: https : / / en . wikipedia . org / wiki / File : Self – phase – modulation – en.svg.

[24] J.-C. Diels und W. Rudolph. *Ultrashort laser pulse phenomena*. Academic press, 2006.

[25] D. Strickland und G. Mourou. „Compression of amplified chirped optical pulses". In: *Optics communications* 55.6 (1985), Seiten 447–449.

[26] J. Badziak u. a. „Picosecond, terawatt, all-Nd: glass CPA laser system". In: *Optics communications* 134.1 (1997), Seiten 495–502.

[27] K. Mak u. a. „Compressing μJ-level pulses from 250 fs to sub-10 fs at 38-MHz repetition rate using two gas-filled hollow-core photonic crystal fiber stages". In: *Optics letters* 40.7 (2015), Seiten 1238–1241.

[28] K. Mak. „Nonlinear optical effects in gas-filled hollow-core photonic-crystal fibers". Dissertation. fau, 2014.

[29] O. Pronin u. a. „High-power multi-megahertz source of waveform-stabilized few-cycle light". In: *Nature communications* 6 (2015).

[30] R. Szipöcs, C. Spielmann, F. Krausz und K. Ferencz. „Chirped multilayer coatings for broadband dispersion control in femtosecond lasers". In: *Optics Letters* 19.3 (1994), Seiten 201–203.

[31] S. W. Harun und H. Arof. „Current developments in optical fiber technology". In: (2013).

[32] W. Schmidt und F. Schäfer. „Self-mode-locking of dye-lasers with saturated absorbers". In: *Physics Letters A* 26.11 (1968), Seiten 558–559.

[33] U. Keller u. a. „Semiconductor saturable absorber mirrors (SESAM's) for femtosecond to nanosecond pulse generation in solid-state lasers". In: *Selected Topics in Quantum Electronics, IEEE Journal of* 2.3 (1996), Seiten 435–453.

[34] W. Koechner. *Solid-State Laser Engineering (Springer Series in Optical Sciences)*. Springer, 2006.

[35] T. Brabec, C. Spielmann, P. Curley und F. Krausz. „Kerr lens mode locking". In: *Optics letters* 17.18 (1992), Seiten 1292–1294.

[36] O. Pronin. „Towards a Compact Thin-Disk-Based Femtosecond XUV Source". Dissertation. 2013.

[37] A. Hasegawa und F. Tappert. „Transmission of stationary nonlinear optical pulses in dispersive dielectric fibers. I. Anomalous dispersion". In: *Applied Physics Letters* 23.3 (1973), Seiten 142–144.

[38] A. C. Scott, F. Chu und D. W. McLaughlin. „The soliton: A new concept in applied science". In: *Proceedings of the IEEE* 61.10 (1973), Seiten 1443–1483.

[39] O. Martinez, R. Fork und J. P. Gordon. „Theory of passively mode-locked lasers including self-phase modulation and group-velocity dispersion". In: *Optics letters* 9.5 (1984), Seiten 156–158.

[40] H. A. Haus. „Theory of mode locking with a fast saturable absorber". In: *Journal of Applied Physics* 46.7 (1975), Seiten 3049–3058.

[41] A. V. Buryak, P. Di Trapani, D. V. Skryabin und S. Trillo. „Optical solitons due to quadratic nonlinearities: from basic physics to futuristic applications". In: *Physics Reports* 370.2 (2002), Seiten 63–235.

[42] H. A. Haus, J. G. Fujimoto und E. P. Ippen. „Structures for additive pulse mode locking". In: *JOSA B* 8.10 (1991), Seiten 2068–2076.

[43] T. Brabec, C. Spielmann und F. Krausz. „Mode locking in solitary lasers". In: *Optics letters* 16.24 (1991), Seiten 1961–1963.

[44] F. Kurtner, J. A. Der Au und U. Keller. „Mode-locking with slow and fast saturable absorbers-what's the difference?" In: *Selected Topics in Quantum Electronics, IEEE Journal of* 4.2 (1998), Seiten 159–168.

[45] F. X. Kärtner. *Few-cycle laser pulse generation and its applications*. Band 95. Springer Science & Business Media, 2004.

[46] G. P. Agrawal. „Nonlinear fiber optics". In: *Nonlinear Science at the Dawn of the 21st Century*. Springer, 2000, Seiten 195–211.

[47] Y. Chen u. a. „Dispersion-managed mode locking". In: *JOSA B* 16.11 (1999).

[48] J. N. Kutz. „Mode-locked soliton lasers". In: *SIAM review* 48.4 (2006), Seiten 629–678.

[49] I. N. Duling III. *Compact sources of ultrashort pulses.* Band 18. Cambridge University Press, 2006.

[50] H. A. Haus u. a. „Mode-locking of lasers". In: *IEEE Journal of Selected Topics in Quantum Electronics* 6.6 (2000), Seiten 1173–1185.

[51] F. Krausz u. a. „Femtosecond solid-state lasers". In: *Quantum Electronics, IEEE Journal of* 28.10 (1992), Seiten 2097–2122.

[52] L. F. Mollenauer und R. H. Stolen. „The soliton laser". In: *Optics Letters* 9.1 (1984), Seiten 13–15.

[53] A. Thelen. *Design of optical interference coatings.* Band 91. McGraw-Hill New York, 1989.

[54] R. Paschotta und U. Keller. „Passive mode locking with slow saturable absorbers". In: *Applied Physics B* 73.7 (2001), Seiten 653–662.

[55] I. Jung u. a. „Semiconductor saturable absorber mirrors supporting sub-10-fs pulses". In: *Applied Physics B: Lasers and Optics* 65.2 (1997), Seiten 137–150.

[56] B. Soffer und B. McFarland. „Continuously tunable, narrow-band organic dye lasers". In: *Applied physics letters* 10.10 (1967), Seite 266.

[57] R. Paschotta, J. A. der Au, G. Spühler, S. Erhard, A. Giesen und U. Keller. „Passive mode locking of thin-disk lasers: effects of spatial hole burning". In: *Applied Physics B* 72.3 (2001), Seiten 267–278.

[58] J. Neuhaus. „Passively mode-locked Yb: YAG thin-disk laser with active multipass geometry". Dissertation. University of Konstanz, 2009.

A Laserkopf

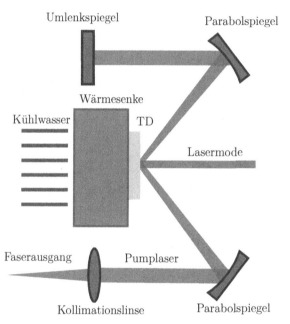

Abb. A.1: Schematische Darstellung des verwendeten Scheibenlaserkopfes. Zu sehen ist die Pumpkavität mit Umlenkspiegel, Parabolspiegel und Kollimationslinse, TD, Trägerdiamant mit Wasserkühlung und die Lasermode. Die Pumpkavität ist in der Lage einen Pumpfleck vom Durchmesser 3 mm durch mehrmalige Abbildung des Pumpstrahls auf der Scheibe zu erzeugen.

B Spiegelhalter

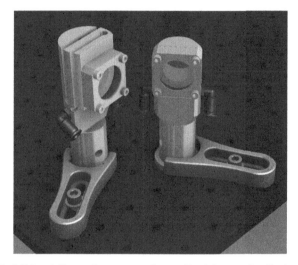

Abb. B.1: Modelldarstellung der verwendeten Festkörperspiegelhalter mit hoher Wiederholgenauigkeit beim Tausch der Spiegel in justierbar Ausführung (links) sowie starrer Ausführung (rechts).

C Datenarchivierung

Tab. C.1: Dateistruktur der Archivdaten

Ordner	Zweck
... \masterthesis\	Alle latex bezogenen Dateien
... \literature\	Bibliographie bezogene Dateien
... \measurements\	Messdaten und versuchsspezifische Auswertungsskripte
... \matlab\	Allgemeine, nicht versuchsspezifische Auswertungsskripte

Tab. C.2: Archivverzeichnisse Latexdateien

Arbeitsteil	Verzeichnis
Hauptdatei	\masterthesis\masterthesis.tex
Kapitel 1	\masterthesis\texfiles\introduction.tex
Kapitel 2	\masterthesis\texfiles\theory.tex
Kapitel 3	\masterthesis\texfiles\hd_setup.tex
Kapitel 4	\masterthesis\texfiles\mam_intro.tex
Kapitel 5	\masterthesis\texfiles\mam_technical_issues.tex
Kapitel 6	\masterthesis\texfiles\mam_experiments.tex
Kapitel 7	\masterthesis\texfiles\conclusion.tex
Zusammenfassung	\masterthesis\texfiles\abstract.tex
Liste der Akronyme	\masterthesis\texfiles\acronyms.tex
Anhang	\masterthesis\texfiles\appendix.tex
Definition von Latexbefehlen	\masterthesis\texfiles\commands.tex
Eigenständigkeitserklärung	\masterthesis\texfiles\erklaerung.tex
Literaturverzeichnis	\literature\database.bib

Tab. C.3: Archivverzeichnisse Daten und Grafiken

Abbildung	Pfad
Abb. 2.1	\measurements\2015_11_30\sech2_pulse_plot.m
Abb. 2.2	\matlab\modelocking animation\mt_cw_fig.m
Abb. 2.3	\matlab\modelocking animation\mt_ml_fig.m
Abb. 2.4	\measurements\2015_12_01\mt_klm_pic.m
Abb. 3.1	\measurements\2015_11_13\mt_gdd_data_hd1499.m
Abb. 3.2	\masterthesis\figures\... hd_setup_schematic\hd_setup_schematic.pdf
Abb. 3.3	\measurements\2015_02_13\paper\mt_specplot.m
Abb. 3.4	\measurements\2015_02_13\paper\mt_acplot.m
Tab. 3.2	Die gezeigten werde können aus den Auswertungen von Abb. 3.4 und Abb. 3.3 entnommen werden.
Abb. 4.1	\measurements\2015_11_15\plot_mam_character.m
Abb. 4.2	\measurements\2015_11_26\plot_mam_gdd.m
Abb. 4.3	\measurements\2015_12_03_Elena\ReflvsInt.m
Abb. 5.1	\masterthesis\figures\... mam_sample12.png
Abb. 5.2	\measurements\2015_10_22\cavitystabplot.m
Abb. 6.1	\masterthesis\figures\... mam_setup_perturbation\mam_setup_perturbation.pdf
Abb. 6.2	\measurements\2015_06_03\evalPert.m
Abb. 6.3	\measurements\2015_05_29\evalSpecShift.m
Abb. 6.4	\masterthesis\figures\... mam_setup_specshift\mam_setup_specshift.pdf
Tab. 6.1	Die gezeigten werde können aus der Auswertungen von Abb. 6.4 entnommen werden.
Abb. 6.5	\measurements\2015_10_07\winlase setup\cavityplot.m
Abb. 6.6	\measurements\2015_10_07\evalShift.m
Abb. 6.7	\measurements\2015_10_06\evalMAMHeat.m
Abb. 6.8	\measurements\2015_12_02\evalThermalImage.m
Abb. 6.9	\measurements\2015_12_03_Elena\TempTransSpec.m
Abb. A.1	\masterthesis\figures\... disk_head_schematic\disk_head_schematic.pdf
Abb. B.1	\masterthesis\figures\... mirrormount_picture.png

Printed in the United States
By Bookmasters